Dipl.-Betriebswirtin (FH) Annette Funk

Dipl.-Ing. (FH) Andreas Hesse

Dipl.-Ing. REFA-Ing. (FH) Vitus Gail

Dr. med. Ingo M. Leipelt

Dipl.-Ing. (FH) Holger von Stuckrad

Dipl.-Wirt. Ing. (FH) Thorsten Landwehrs

Dipl. Braumeister und Getränketechnologe
Sicherheitsingenieur Werner Körner

M.Sc. Betriebssicherheitsmanagement Michael Lenges

Der Praktikumsbericht LEK2
in der Ausbildung zur Fachkraft für Arbeitssicherheit
- Praktikumsberichte -

Dipl.-Betriebswirtin (FH) Annette Funk

Dipl.-Ing. (FH) Andreas Hesse

Dipl.-Ing. REFA-Ing. (FH) Vitus Gail

Dr. med. Ingo M. Leipelt

Dipl.-Ing. (FH) Holger von Stuckrad

Dipl.-Wirt. Ing. (FH) Thorsten Landwehrs

Dipl. Braumeister und Getränketechnologe
Sicherheitsingenieur Werner Körner

M.Sc. Betriebssicherheitsmanagement Michael Lenges

Der Praktikumsbericht LEK2
in der Ausbildung zur Fachkraft für Arbeitssicherheit
- Praktikumsberichte -

Januar 2008

© *2008 Autoren und Herausgeber:*
Annette Funk, Andreas Hesse, Vitus Gail, Ingo M. Leipelt, Holger von Stuckrad, Thorsten Landwehrs, Michael Lenges

© *2008 Umschlagbild:*
Michael Lenges, buch@lenges.de

Der Praktikumsbericht LEK2 in der Ausbildung zur Fachkraft für Arbeitssicherheit

ISBN 10: 3-86611-389-7

ISBN 13: 978-3-86611-389-3

Herstellung:
Books on Demand GmbH, Norderstedt, www.bod.de
Alle Rechte liegen beim Autor/Herausgeber. Kopie, Abdruck und Vervielfältigung sind ausschließlich mit schriftlicher Genehmigung des Autors/Herausgebers gestattet. Kein Teil dieses Werkes darf in irgendeiner Form ohne schriftliche Genehmigung verändert, reproduziert, bearbeitet oder aufgeführt werden.

INHALTSVERZEICHNIS

1 Einführende Darstellung

2 Objektorientierte Gefährdungsermittlung eines Arbeitsplatzes in der Metallverarbeitenden Industrie

   von Michael Lenges

3 Gefährdungsbeurteilung bei einem Großraumbüro

   von Thorsten Landwehrs

4 Gefährdungsbeurteilung „Fensterreinigung an hochgelegenen Arbeitsplätzen" in der Gebäudereinigung

   von Holger von Stuckrad

5 Gestaltung eines Arbeitssystems im Bereich Schwimmbadtechnik

   von Ingo M. Leipelt

6 Analyse und ggf. Neugestaltung des Arbeitssystems Verwaltung

   von Vitus Gail

7 Arbeitsplatzgestaltung im Ingenieurbüro

   von Andreas Hesse

8 Integration des Arbeitsschutzes in die betriebliche Organisation

   von Annette Funk

9 Gefährdungen in der Gastronomie, insbesondere die Gasansammlung

   von Werner Körner

1 Einführende Darstellung

Sehr geehrte Leserin, sehr geehrter Leser

Während der Ausbildung zur Fachkraft für Arbeitssicherheit sind mehrere Prüfungen bei der HVBG, dem Hauptverband der Berufsgenossenschaften abzulegen.

Zum ersten ist da die Fachkundeprüfung LEK1, die sich auf die Selbstlernphase 1 mit ihren Kapiteln S01 bis S10 bezieht. Diese Prüfung wird im Muliple Choice Verfahren abgeprüft.

Zum zweiten ist hier die LEK2 zu nennen, welche einen Praktikumsbericht nach einem absolvierten Praktikum darstellt.

Als drittes ist eine Präsentation, die LEK3, zu erstellen, welche aufbauend auf die LEK2 zu halten ist.

Die letzte Hürde, die LEK4, besteht in der Teilnahme und Prüfung bei einer der vielen BG'en und ist entsprechend fachspezifisch ausgerichtet.

Entstanden ist dieses Buch, um den nachfolgenden Fachkräften für Arbeitssicherheit, auch FASI oder SIFA genannt, die Praktikumsarbeit zur LEK2 etwas zu vereinfachen. Es wird zwar in den Präsenzphasen und in den Lehreinheiten der Selbstlernphase auf die Inhalte eingegangen und durch einen BG-Mentor unterstützt, dennoch bleibt eine mögliche Form der Praktikumsarbeit offen. Wir, die Autoren, haben selber jeweils einige Stunden bei der Recherche nach einer solchen Vorlage verbracht und möchten hiermit allen weiteren SIFA's in der Ausbildung dieses Werk an die Hand geben. Alle Praktikumsberichte sind zwar anonymisiert, haben aber ihren Praxistest mit mindestens „gut" bestanden. Somit halten Sie hiermit also das ideale Vorlagewerk in den Händen, um selber eine Idee zu bekommen, wie eine ordentliche Praktikumsarbeit zur LEK2 aussehen kann. Natürlich dürfen Sie diese Praktikumsberichte nicht 1 zu 1 übernehmen, aber Form und Struktur sind ja auch schon die halbe Miete, über die dann nicht mehr nachgedacht werden muss.

Also, viel Spaß beim Lesen und Lernen wünschen Ihnen die Autoren.

Technische Fachhochschule Georg Agricola für Rohstoff, Energie und Umwelt zu Bochum

- University of Applied Sciences -

Fachbereich Elektro- und Informationstechnik

GEORG AGRICOLA
UNIVERSITY OF APPLIED SCIENCES

Praktikumsbericht

Im Rahmen der Ausbildung zur Sicherheitsfachkraft

Objektorientierte Gefährdungsermittlung eines Arbeitsplatzes in der Metallverarbeitenden Industrie

Verfasser:	Dipl.- W.Inform.(FH) Michael Lenges Strasse 11 12345 Stadt
Praktikumsfirma:	Firma GmbH Strasse 13 12345 Stadt
Betreuer:	Dr. Prüfass (HVBG) Dipl. Ing. Prüfowsky (BAUA)

Erstellungszeitraum: 09.07.2007 – 03.09.2007

Abgabedatum: 31.08.2007

Stadt, den 30.08.2007

KURZBERICHT

Das im Rahmen der Ausbildung zur Sicherheitsfachkraft (SiFa) geforderte Praktikum wurde als externe Beratungsleistung erbracht. Das beratene Unternehmen ist ein inhabergeführter Betrieb aus dem Bereich der Werkzeugkonstruktion und des Werkzeugbaus in dem rund 25 Personen beschäftigt sind, teils als Facharbeiter der Zerspanungstechnik und teils als Angestellte. Konkreter betriebsinterner Handlungsanlass für die Beschäftigung mit dem Thema „Sicherer Betrieb von Maschinen" war die vor kurzem neu Angeschafftem CNC- Senkerodiermaschine und die sich daraus ergebenden neuen Arbeitsprozesse und Tätigkeiten. Durch dieses präventive Handeln sollen Gefährdungen vermieden werden, bevor sie auftreten und das körperliche, geistige und soziale Wohlbefinden des Mitarbeiters soll erhalten und gefördert werden.

INHALTSVERZEICHNIS

1	**Einführende Darstellung**	**1**
1.1	Beschreibung des Praktikumsbetriebs	1
1.2	Handlungsanlass für das Praktikum	2
1.3	Problemstellung	2
1.4	Erwarteter Nutzen für den Betrieb	2
2	**Zielsetzung des Praktikums**	**3**
3	**Vorgehensweise**	**4**
4	**Ergebnisse des Praktikums**	**5**
4.1	Analyse des Arbeitssystems	5
4.2	Risikobeurteilung	6
	4.2.1 Außerkraft setzen eines Schutzschalters	6
	4.2.2 Beleuchtung	7
	4.2.3 Brandgefahr durch Flüssigkeiten	7
	4.2.4 Gase, Nebel, Dämpfe, (Rauche)	7
4.3	Setzen von Schutzzielen	8
4.4	Entwickeln von Maßnahmen und Lösungsalternativen	8
	4.4.1 Ziel 1: Vermeiden von Verletzungen durch das unerlaubte Außerkraft setzen des Schutzschalters	9
	4.4.2 Ziel 2: Vermeiden von Augenerkrankungen	9
	4.4.3 Ziel 3: Brandvermeidung	9
	4.4.4 Ziel 4: Vermeidung von Erkrankungen durch freiwerdende Rauche, Dämpfe und Gase	9
4.5	Auswahl der Lösung	10
4.6	Durch- und Umsetzung der Lösung	11
4.7	Kontrolle der Ergebnisse	11

Michael@Lenges.de

5 Weiterführende Schlussfolgerungen 13

5.1 Schlussfolgerungen für den Betrieb 13

5.2 Schlussfolgerungen für die Fachkraft für Arbeitssicherheit 13

Literaturverzeichnis I

Anlagen II

Abschlußerklärung VIII

1 Einführende Darstellung

Die Firma Firma GmbH ist im Bereich CAD/CAM, der Werkzeugkonstruktion und im Formen- und Werkzeugbau tätig und betreibt einen Maschinenpark mit Zerspanenden und Umformenden Maschinen zur Metallbearbeitung. Gegründet wurde sie 1995 und zu den größten Kunden zählen unter anderem die Siemens AG, die Daimler AG, die Bayer AG und viele weitere mehr.

Das Unternehmen ist seid dem 23.06.1997 nach DIN EN ISO 9001 zertifiziert und es stehen vielseitige Wege zur Datenübertragung und zur Datenverarbeitung offen.

Der Maschinenpark ist modern ausgestattet und die Mitarbeiter sind ausgebildete Fachleute.

Die Konstruktion der Werkzeuge wird mittels der Designsoftware Solid Works problemlos mit allen Wünschen und Ideen dreidimensional visualisiert und es werden daraus detaillierte Zeichnungen mit sämtlichen Bemaßungen produziert.

Eine integrierte Schnittstelle in den CAD/CAM Systemen lässt es zu, sämtliche Entwicklungen und Konstruktionen schnell zu übernehmen, zu verarbeiten und entsprechende NC-Codes zur Werkzeugherstellung automatisch zu generieren. Dadurch wird einiges an Zeit, Ressourcen und Produktionskosten eingespart und die Produktion wird effektiver, genauer und für den Menschen sicherer.

1.1 Beschreibung des Praktikumsbetriebs

Das beratene Unternehmen ist ein inhabergeführter Betrieb aus dem Bereich der Werkzeugkonstruktion und des Werkzeugbaus in dem rund 25 Personen beschäftigt sind, teils als Facharbeiter der Zerspanungstechnik und anderen Sparten des Metallbaus und teils als Angestellte. Die Werkshalle hat eine Grundfläche von ca. 800m², in welcher die Maschinen rechts und links des Verkehrsweges liegen, welcher breit genug ausgelegt ist, um Stapler- und Personenverkehr zuzulassen. Die Stapler dienen Hauptsächlich zur Bestückung und Einrichtung der Werkzeugmaschinen, da ein Kran nicht vorhanden ist und die Werkstücke größtenteils zu schwer sind, als das sie durch Menschen bewegt werden könnten.

Michael@Lenges.de

1.2 Handlungsanlass für das Praktikum

Im Rahmen der Ausbildung zur Sicherheitsfachkraft (Sifa) ist ein prüfungsrelevantes Praktikum zu absolvieren. Als freiberuflicher Berater mit technischem Hintergrund wurde das Praktikum als externe Beratungsleistung erbracht. Der vorliegende Bericht folgt der Gliederung der „Ausbildung zur Fachkraft für Arbeitssicherheit", wie sie von der BAUA, der Bundesanstalt für Arbeitsschutz und Arbeitsmedizin und dem HVBG, dem Hauptverband der gewerblichen Berufsgenossenschaften gelehrt wird.

Konkreter betriebsinterner Handlungsanlass für die Beschäftigung mit dem Thema „Sicherer Betrieb von Maschinen" war die vor kurzem neu Angeschaffte CNC- Senkerodiermaschine und das anschließende Einrichten und Neugestalten des entsprechenden Arbeitsplatzes unter Berücksichtigung der ergonomischen Anforderungen. Die sich daraus ergebenden neuen Arbeitsprozesse und Tätigkeiten sollen durch dieses präventive Handeln möglichst Gefährdungsfrei sein und das körperliche, geistige und soziale Wohlbefinden des Mitarbeiters soll erhalten und gefördert werden. Leider konnte die Anschaffung der neuen Senkerodiermaschine nicht schon in der Planungsphase begleitet werden, da diese mit einem Jahr Vorlauf bestellt wurde.

1.3 Problemstellung

Eine neu angeschaffte CNC- Senkerodiermaschine ist vor kurzem in Betrieb genommen worden. Hierfür soll auf Wunsch des Unternehmens eine Gefährdungsermittlung durchgeführt werden, um den Mitarbeitern einen sicheren Arbeitsplatz zur Verfügung zu stellen.

1.4 Erwarteter Nutzen für den Betrieb

Da die Arbeitsmärkte im Bereich des Metallbaus leergefegt sind und somit die Qualität der Arbeitsbedingungen eine Grundvoraussetzung zur Rekrutierung neuer Fachkräfte zu sein scheint, ist die Unternehmensleitung gewillt, sich dieses zu nutze zu machen und möchte in Zukunft diese Qualität der Arbeitsbedingungen in den Vordergrund stellen. Das Verständnis von Gesundheit als körperliches, geistiges und soziales Wohlbefinden entspricht diesem betriebswirtschaftlichen Verständnis. Die Philosophie eines modernen Arbeits- und Gesundheitsschutzes scheut sich nicht, gesunde und motivierte Mitarbeitende als Ressource für den Unternehmenserfolg zu deuten und auch entsprechend zu fördern.

Michael@Lenges.de

2 Zielsetzung des Praktikums

Die Zielstellung des Praktikums geht in zwei Richtungen. Zum einen gilt es, einen neuen Arbeitsplatz mittels einer Gefährdungsermittlung sicherer zu machen und zum anderen die Unternehmensleitung von dem Sinn und Zweck des Arbeitsschutzes zu Überzeugen und somit den bestehenden Arbeits- und Gesundheitsschutz auf eine geordnete Basis zu stellen.

Über die externe Beratung durch die Sifa hinaus soll ein Arbeitsschutzmanagementsystem (AMS) entwickelt werden, welches eine vernünftige Verwaltung des Arbeitsschutzes über IT-gestützte Prozesse ermöglicht und so in den betrieblichen Ablauf integriert, dass der letztendliche Aufwand stark minimiert und sogar für Laien übersichtlich wird. Dieses AMS ist vorläufig als Intranetlösung angedacht, auf welches alle Beteiligten Zugriff haben sollen.

Michael@Lenges.de

3 Vorgehensweise

Nach den ersten Gesprächen mit der Unternehmensleitung wurde schnell klar, dass die im Arbeitsschutz betreuende Firma sich auf das Minimum des Möglichen eingestellt hat. Mehr als die jährliche Begehung und einem zweiseitigen Bericht wird hier nicht unternommen. Nach einer Analyse der gesammelten Unterlagen und einer Besichtigung der Werkshalle wurde dann schnell eine Vorgehensweise vereinbart. Ziel der Praktikumsarbeit sollte eine neue CNC-Senkerodiermaschine sein, für die eine vorausschauende objektorientierte Gefährdungsermittlung erstellt werden soll. Eine Terminvereinbarung mit dem Unternehmer, dem Meister und dem Maschinenbediener wurde kurzfristig getroffen. Bei dem Termin wurden alle Aspekte der Gefährdungsermittlung systematisch aufgenommen. Auch die Befragung des Meisters und der Maschinenbediener sind durchgeführt worden, brachten aber keine weiteren Erkenntnisse in Bezug auf die besonderen Gefährdungsfaktoren, da bislang keine Probleme aufgefallen sind. Die Stichwortartigen Notizen hierzu wurden anschließend in eine Tabellenform (Tabelle 1) erbracht, um eine bessere Übersicht für die weitere Verarbeitbarkeit zu bewirken. Um im nächsten Schritt eine Beurteilung der ermittelten Gefährdungsfaktoren zu erlangen, ist die erstellte Tabelle um 2 weitere Spalten ergänzt worden, die Gefährdung und die Beurteilung. In einer separaten Risikomatrix ist dann eine Risikobeurteilung nach Nohl vorgenommen und die Ergebnisse entsprechend in die neuen Spalten eingetragen worden. Als nächstes wurden dann die zu erreichenden Schutzziele Formuliert und wiederum in eine neue Spalte eingetragen. Hierfür war es nötig, einige Dokumente zum Arbeitsschutz zu lesen und entsprechend in die Ziele einfließen zu lassen. Der nächste Handlungsschritt brauchte dann das Fachwissen des Meisters und der Maschinenbediener, welche durch die Sifa und ihr Wissen um den Arbeitsschutz unterstützt wurden, denn Ziel der Lösungsalternativenentwicklung sollte ja sein, eine möglichst hohe Maßnahmenhierachieebene und somit eine große Reichweite der Lösung zu erhalten. Um eine eindeutige Entscheidung zu erlangen, war wieder ein Gespräch mit der Unternehmensleitung nötig. Dazu fertigte die Sifa eine Nutzwertanalyse zur Bewertung der einzelnen Lösungsvarianten an, welche mit guter Aussagekraft und den benötigten Kriterien eine positive Entscheidung der Führungskräfte zur Folge hatte. Umgehend wurden die Tätigkeiten terminiert und die Unternehmensleitung delegierte die Verantwortung entsprechend. Die nächsten Schritte sind jetzt noch die Durch- und Umsetzung der Lösung durch die Führungskräfte, welche allerdings nicht mehr vor Beendigung dieser Praktikumsarbeit zum tragen kommen werden. Daran anschließend erfolgt dann die Kontrolle der Durchführung, wiederum durch die Führungskraft, und die Kontrolle der Wirkung der Maßnahme durch die Sifa.

Michael@Lenges.de

4 Ergebnisse des Praktikums

Das Praktikum wurde anhand der sieben Handlungsschritte abgearbeitet. Aufgrund der spezifischen Fachkompetenz der Sifa und Ihrer Arbeitsschutzaufgaben sind die Schritte der Analyse, der Beurteilung und der Zielsetzung eigeninitiativ gestaltet worden.

Die weiteren 4 Handllungsschritte (Lösungsalternativen entwickeln, Lösungsauswahl, Lösungsumsetzung und Ergebniskontrolle) sind von der Sifa initiiert und begleitet worden, um eine Lösung zu bekommen, welche alle Aspekte der Sicherheit und des Gesundheitsschutzes beinhaltet und auch die entwickelten Schutzziele best möglich umsetzt.

Die Ergebniskontrolle kann unterteilt werden in die Durchführungskontrolle und Wirkungskontrolle, wobei die Durchführungskontrolle darüber Auskunft gibt, ob etwas durchgeführt und tatsächlich aufrechterhalten wird.

Ob mit der jeweiligen durchgeführten und aufrechtzuerhaltenden Maßnahme das angestrebte Ziel auch erreicht wurde, zeigt die Wirkungskontrolle. Sie setzt die Durchführungskontrolle voraus, kann jedoch wesentlich aufwendiger sein. Dabei ist zu klären, ob noch Restgefährdungen bestehen, bzw. neue Gefährdungen geschaffen wurden. Werden solche Gefährdungen erkannt, sind die sieben Handlungsschritte erneut zu durchlaufen.

4.1 Analyse des Arbeitssystems

Die Analyse zielt auf die systematische Ermittlung von Gefährdungen, wobei insbesondere die Gefährdungsfaktoren mit Ihren Quellen und die Gefahrbringenden Bedingungen ermittelt werden müssen. Der Einsatz der neuen CNC- Senkerodiermaschine, diese Technologie wird hier erstmalig eingesetzt, wirft Fragen in Richtung der somit neuen Gefährdungsfaktoren auf. Um diese Fragen zu beantworten ist der Konzeptive Ansatz gewählt worden. Hinweise der Beteiligten wie Betriebsleiter, Meister und Facharbeiter wurden bei dieser prospektiven Analyse berücksichtigt. Die ermittelten Gefährdungsfaktoren, Gefahrenquellen und gefahrbringenden Bedingungen sind in Tabelle 1 im Anhang zu sehen. Besondere Leistungsvoraussetzungen bei den Beschäftigten bestehen nicht.

4.2 Risikobeurteilung

Die ermittelten Gefährdungen sind nach normativen und/oder subjektiven Kriterien zu beurteilen und es ist eine Aussage zu treffen, ob und welche Dringlichkeit zum Handeln besteht um ein akzeptables Risikoniveau unterhalb des zu Grenzrisikos zu erreichen. Hierbei wird sich in erster Linie nach den geltenden technischen Regeln und den aktuellen rechtlichen Bestimmungen orientiert. Sind diese nicht eindeutig anwendbar, wird ein Risikoanalyseverfahren wie hier die Risikomatrix nach Nohl (Tabelle 2) gewählt und angewandt.

4.2.1 Außerkraft setzen eines Schutzschalters

Die folgenden Gefährdungsfaktoren (Tabelle 3) haben alle dieselbe gefahrbringende Bedingung, welche zusätzlich auch noch auf der unerlaubten Außerkraftsetzung eines Schutzschalters beruht und werden deshalb zur Vereinfachung im nächsten Schritt zusammengefasst.

Bewegte Teile

Unkontrolliert bewegte Teile

Gefährliche Körperströme

Störlichtbogen

Elektrostatische Vorgänge

Wahrscheinlichkeit des Wirksamwerdens der Gefährdung: Gering

Mögliche Schadensschwere: Mittelschwere Verletzung

Maßzahl nach Nohl: 3 = signifikantes Risiko

Michael@Lenges.de

4.2.2 Beleuchtung

Die gemessenen Werte der Deckenbeleuchtung (Tabelle 3) lagen bei der Senkerodiermaschine knapp unter 400 Lux. Damit werden die geforderten 500 Lux (feine Montagearbeiten nach BGI 523, bzw. DIN EN 12464) bei der Einrichtung der Maschine nicht erreicht.

Wahrscheinlichkeit des Wirksamwerdens der Gefährdung: Hoch

Mögliche Schadensschwere: Leichte Erkrankung

Maßzahl nach Nohl: 4 = signifikantes Risiko

4.2.3 Brandgefahr durch Flüssigkeiten

Im Falle einer Fehlfunktion könnte sich ein Störlichtbogen im Dielektrikum (Brandgefahr durch brennbare Dielektrika nach BGI 560) bilden und zu einem Brand führen. (Tabelle 3)

Wahrscheinlichkeit des Wirksamwerdens der Gefährdung: Gering

Mögliche Schadensschwere: Schwere Verletzung

Maßzahl nach Nohl: 4 = signifikantes Risiko

4.2.4 Gase, Nebel, Dämpfe, (Rauche)

Beim Erodieren werden durch den Stromabtrag immer Dämpfe (und evt. auch Gase und Rauche) frei gesetzt. (Tabelle 3)

Wahrscheinlichkeit des Wirksamwerdens der Gefährdung: Hoch

Mögliche Schadensschwere: Leichte Erkrankung

Maßzahl nach Nohl: 4 = signifikantes Risiko

Michael@Lenges.de

4.3 Setzen von Schutzzielen

Hierbei wird der Soll- Zustand zur sicheren Gestaltung eines gesundheitsgerechten Arbeitssystems beschrieben. (Tabelle 4)

1. Ziel: Vermeiden von Verletzungen durch das unerlaubte Außerkraft setzten des Schutzschalters

2. Ziel: Vermeiden von Augenerkrankungen

3. Ziel: Brandvermeidung

4. Ziel: Vermeidung von Erkrankungen durch freiwerdende Dämpfe und Gase

Es soll eine möglichst hohe Qualitätsebene (Tabelle 5) zur Ereichung der Schutzziele gewählt werden, um eine größtmögliche Reichweite zu gewährleisten.

Anmerkung:

Da es sich bei dieser Ausarbeitung um eine Praktikumsarbeit mit vorgegebenem Umfang handelt, wird von den vorgenannten Gefährdungen nur eine im weiteren Verlauf detailliert betrachtet. Eine komplette Ausarbeitung würde den Rahmen sprengen. Zur weiteren Bearbeitung gelangt hier der **Punkt 4** (Gase, Nebel, Dämpfe), da ich hier das größte Gefährdungspotential sehe. Nichts desto trotz wird ein Lösungsvorschlag zu den anderen Punkten unterbreitet.

4.4 Entwickeln von Maßnahmen und Lösungsalternativen

Auf der Grundlage der Zielformulierung sind Lösungen zum herab setzen des Risikos zu entwickeln. Dabei können verschiedene Maßnahmen zum gleichen Ziel führen, aber auch mehrere Lösungen mit einer Maßnahme erfüllt werden. Dieser Schritt wird vom verantwortlichen Führungspersonal durchgeführt. Die Sifa nimmt die Rolle des Beraters ein. Bei der Entwicklung der Lösungsalternativen wird nach der Maßnahmenhierarchie (Tabellen 6 + 7) von oben nach unten vor gegangen, das heißt, das die beste Möglichkeit die ist, die Gefahrenquelle ganz zu vermeiden. Wie zuvor gesagt, wird nur das **Ziel 4** komplett dargestellt und die anderen nur der Vollständigkeit halber genannt.

Michael@Lenges.de

4.4.1 Ziel 1: Vermeiden von Verletzungen durch das unerlaubte Außerkraft setzten des Schutzschalters

Lösungsvariante:

Durchführen von Unterweisungen zur Maschinenbedienung und zu den möglichen Gefahren. Aushängen von Betriebsanweisungen.

4.4.2 Ziel 2: Vermeiden von Augenerkrankungen

Lösungsvariante:

Umhängen und Befestigen einer Deckenleuchte näher und tiefer am Erodierbecken.

4.4.3 Ziel 3: Brandvermeidung

Lösungsvariante:

Regelmäßiges messen des Dielektrikums und regelmäßiges Überprüfen der Schutzmechanismen. Unterweisungen zur vorhandenen CO_2- Löschanlage und zum Feuerlöscher.

4.4.4 Ziel 4: Vermeidung von Erkrankungen durch freiwerdende Rauche, Dämpfe und Gase

1. Lösungsvariante:

Umbau der gesamten Werkshalle. Die neue Maschine wird gekapselt und während der Bearbeitung darf niemand den separierten Raum betreten.

2. Lösungsvariante:

Umbau der Absauganlage. Die schon vorhandene Absauganlage wird erweitert und die neue Maschine wird daran angeschlossen.

3. Lösungsvariante:

Anschaffen von geeigneter PSA. Es werden geeignete Schutzausrüstungen in Form von Atemschutzmasken besorgt.

Michael@Lenges.de

Ergebnisse des Praktikums

4.5 Auswahl der Lösung

Die Auswahl der Lösung obliegt dem Unternehmer oder seiner beauftragten Führungskraft und die Sifa steht hier beratend zur Seite. Die Lösungsvorschläge werden an Hand der gesteckten Ziele und dem zu erreichenden Sicherheitszustand entlang der Maßnahmenhierarchie beurteilt. Dieses kann anhand einer Nutzwertanalyse geschehen (Tabelle 8), wobei die Gewichtung der Kriterien mit der Zielerreichung der Lösungsvariante multipliziert und über die Lösungsspalte summiert wird. Als Ergebnis ist hier die Lösungsvariante 2 zu Favorisieren, da sie den höchsten Nutzwert darstellt. Zur weiteren Erläuterung sind hier nochmals einige Vor- und Nachteile dargelegt.

Vorteil Lösungsvariante 1:

Diese Sicherheitstechnische Maßnahme bringt eine räumliche Trennung an der Quelle.

Nachteil Lösungsvariante 1:

Die Einkapselung ist teuer und eine Überprüfung während des Laufs nicht möglich.

Vorteil Lösungsvariante 2:

Auch diese Sicherheitstechnische Maßnahme bringt eine räumliche Trennung an der Quelle. Es ist mit wenig Aufwand und Kosten umzusetzen und eine Überprüfung ist jederzeit möglich.

Nachteil Lösungsvariante 2:

Anfangs höhere Kosten als bei Lösungsvariante 3.

Vorteil Lösungsvariante 3:

Dieses ist kurzfristig die Preisgünstigste Variante, ohne das große Veränderungen vorgenommen werden müssen.

Nachteil Lösungsvariante 3:

Auf Dauer werden die Kosten höher ausfallen als in der Lösungsvariante 2. Auch greift die ereichte Maßnahmenhierarchie zu kurz. Zusätzliche Messinstrumente müssten dauerhaft zum Einsatz kommen, um Rechtsicher eine Nichtgefährdung der Mitarbeiter nachweisen zu können.

Die Unternehmensleitung hat sich bereits nach einem Gespräch mit der Sifa für die Lösungsvariante 2 des Ziels 4 entschieden. Auch die anderen Lösungen der Ziele 1 bis 3 werden bereitwillig umgesetzt.

Michael@Lenges.de

4.6 Durch- und Umsetzung der Lösung

Das Umsetzen der Lösung ist entsprechend der Zielvorgabe und Entscheidung die Aufgabe der Unternehmensleitung oder der entsprechenden Führungskraft. Die Sicherheitsfachkraft wirkt unterstützend in den folgenden 3 Phasen mit.

1. Durchsetzen der Entscheidung

Nachdem sich die Entscheidungsträger für die Lösung 2 entschieden haben, sind die weiteren betrieblichen Ansprechpartner zu informieren. Die notwendige Akzeptanz wird durch die Einbeziehung aller Betroffenen erreicht.

2. Planung der Umsetzung

Die Maßnahme der gewählten Lösungsvariante 2 wird im Anschluss an diese Ausarbeitung von der Betriebsleitung durchgeführt. Entsprechende Vorbereitungen hierzu sind bereits angelaufen.

3. Durchführung der Umsetzung

In dieser Phase wird die geplante Umsetzung realisiert. Alle Beteiligten sind regelmäßig über den aktuellen Stand der Dinge in Kenntnis zu setzen und über Änderungen und Verzögerungen zu informieren.

Insgesamt ist es Sinnvoll einen Projektplan mit den Maßnahmen, den Terminen und den Verantwortlichen (Tabelle 9) zu erstellen, um nicht die Übersicht zu verlieren.

4.7 Kontrolle der Ergebnisse

Dieser Handlungsschritt wird sowohl von der Betriebsleitung wie auch von der Sicherheitsfachkraft durchgeführt und kann unterteilt werden in die Durchführungskontrolle und die Wirkungskontrolle.

Durchführungskontrolle:

Sie gibt darüber Auskunft, ob angewiesene Maßnahmen tatsächlich durchgeführt und aufrechterhalten werden. Dabei ist besonders darauf zu achten, ob die Maßnahmen in der festgelegten Art und in der vereinbarten Zeit durchgeführt werden.

Im vorliegenden Fall ist für die Lösungsmaßnahme 2 die Durchführungskontrolle einfach in Augenschein zu nehmen, das heißt es wird überprüft, ob die Absaugung bis an die neue Maschine verlängert wurde und fest installiert ist.

Michael@Lenges.de

Wirkungskontrolle

Sie beantwortet die Frage, ob mit der jeweiligen durchgeführten und aufrechtzuerhaltenden Maßnahme das angestrebte Ziel erreicht wurde. Die Wirkungskontrolle setzt die Durchführungskontrolle voraus, kann jedoch wesentlich aufwendiger sein. Dabei gilt es zu klären, ob noch Restgefährdungen bestehen, bzw. neue Gefährdungen geschaffen wurden. Werden solche Gefährdungen erkannt, sind die sieben Handlungsschritte erneut zu durchlaufen. Sämtliche Schutzfunktionen, die eingebauten der Maschine und die jetzt neu hinzu gekommenen, sind regelmäßig zu kontrollieren und zu überprüfen. In diesem Fall wird die Qualität der Absaugung durch entsprechende Überprüfung ermittelt werden müssen.

Michael@Lenges.de

5 Weiterführende Schlussfolgerungen

Im Verlauf dieser Arbeit wurde klar, wie groß das Thema des Arbeitsschutzes eigentlich ist. Die ersten Entwürfe der Datensammlung und der ersten Gespräche sahen noch recht unkoordiniert aus und es dauerte eine Zeit lang, bis ein stringentes Vorgehen sowohl des Praktikanten als auch des Unternehmens ersichtlich wurde und alle dieselbe Sprache benutzten.

5.1 Schlussfolgerungen für den Betrieb

Die Bearbeitung des vorliegenden Problems zeigte die Notwendigkeit, Arbeitsschutzbelange noch systematischer in Betriebsvorgänge einzubinden Auch als Folge dieser Projektarbeit befindet sich mittlerweile ein eigenständiges Managementsystem des Arbeitsschutzes in Vorbereitung, mit der Zielsetzung der Gleichrangigkeit des Arbeitsschutzes mit den wirtschaftlichen Belangen des Unternehmens. An dieser Stelle wird auch geprüft, ob sich dieses Vorgehen und entsprechende Maßnahmen auf die anderen Arbeitssysteme übertragen lassen und durch geführt werden sollten.

5.2 Schlussfolgerungen für die Fachkraft für Arbeitssicherheit

Nach dieser ersten eigenen Tätigkeit im Rahmen der Ausbildung zur Sicherheitsfachkraft sind die bisher erlernten Themen erst richtig zur Geltung gekommen. Das reine Erlernen von Techniken und Fachwissen durch die Selbstlerneinheiten und die Präsenzphasen reichen bei weitem nicht aus, um eine solche Aufgabe zu erledigen und auch die vertiefenden Übungen können gerade mal andeuten, wie komplex das Thema Arbeitsschutz ist. Vielmehr sind erst durch das Praktische tun viele Zusammenhänge klar geworden.

Michael@Lenges.de

Weiterführende Schlussfolgerungen   *1*

Literaturverzeichnis

BGI 560   Brandgefahr durch brennbare Dielektrika

BGV A1   Grundsätze der Prävention

BGV A2   Betriebsärzte und Fachkräfte für Arbeitssicherheit

BGV A3   Elektrische Anlagen und Betriebsmittel

BGR 121   Arbeitsplatzbelüftung und Lufttechnische Maßnahmen

DIN EN ISO 12464-1   Licht und Beleuchtung von Arbeitsstätten Teil 1

Betriebssicherheit- Eine Vorschriftensammlung, TÜV Media GmbH, Köln

BGR 195 + 197   Hauterkrankungen durch Kontakt mit Erodierbad

ASR 7   Arbeitsstätten-Richtlinie

ArbStättV   Arbeitsstättenverordnung

ArbSchuG   Arbeitsschutzgesetz

AsiG   Arbeitssicherheitsgesetz

TRBS 1111   Gefährdungsbeurteilung und sicherheitstechnische Bewertung

DIN EN ISO12100-1 Sicherheit von Maschinen Teil 1

Michael@Lenges.de

Anlagen

Grobstruktur	Gefährdungsfaktor	Gefahrenquelle	Gefahrbringende Bedingungen
mech. Faktor	Bewegte Teile	autom. Bewegung des Erodierkopfes und des Elektrodenwechslers	Außerkraft setzen des Schutzschalters an der Bearbeitungsklappe
	Oberflächen-beschaffenheit	Scharfkantiger Grat	Werkstück Einsetzen und Ausrichten
	Bewegte Arbeits- und Transportmittel	Werkstück und Elektrode	Werkstück Einsetzen und Ausrichten
	Unkontrolliert bewegte Teile	autom. Bewegung des Erodierkopfes und des Elektrodenwechslers	Außerkraft setzen des Schutzschalters an der Bearbeitungsklappe
	Ausrutschen	Dielektrikum auf dem Fußboden	Öffnen der Bearbeitungsklappe
elektr. Faktor	Gef. Körperströme	Elektrodenstrom	Außerkraft setzen des Schutzschalters an der Bearbeitungsklappe
	Störlichtbogen	Elektrodenstrom	Außerkraft setzen des Schutzschalters an der Bearbeitungsklappe
	Elektrostat. Vorgänge	Elektrodenstrom	Außerkraft setzen des Schutzschalters an der Bearbeitungsklappe
Therm. Faktor	Heiße Medien / Oberflächen	Werkstück und Elektrode	Außerkraft setzen der Temperaturüberwachung
Arbeit-umgebung	Klima	Fenster beidseitig und im Dach der Halle	Zugluft
	Beleuchtung	Fenster beidseitig und im Dach der Halle	Wetterabhängig
		Deckenleuchte	Schlechte Anordnung
		Maschinenleuchte	Ausfall
Schall	Lärm	Metallbearbeitung	Schlechte Spannung
Strahlung	Elektromagn. Felder	Elektrodenstrom erzeugt Störlichtbogen	Fehlfunktion der Abschaltautomatik
	Ultraviolette Strahlung	Elektrodenstrom erzeugt Störlichtbogen	Fehlfunktion des Photosensors
Chemische	Brandgefahr durch Flüssigkeiten	Elektrodenstrom erzeugt Störlichtbogen	Berührung der Elektrode mit dem Werksstück und Dielektrikumsgemisch falsch
Gefahrstoffe	Flüssigkeiten	Dielektrikum	Spritzer
	Gase, Nebel, Dämpfe	Verbrennungsprozess	Einatmen
Physische Belastung	Arbeitsschwere	Einrichten der Maschine	Schwere dynamische Arbeit
Psychische Belastung	Aufmerksamkeit	Programmieren, Einrichten	Stress
	Verantwortung	hoher Geldwert	Stress
	Vorhersehbarkeit	autom. Programmablauf	Stress
	Aufgabenwechsel	Mehrere Maschinen	Zu viele Tätigkeiten gleichzeitig
	Teamarbeit	Teilaufgabe	Nur Teile des Gesamtablaufs sind bekannt

Tabelle 1: Gefährdungsfaktoren, Gefahrenquellen und gefahrbringende Bedingungen

Risikomatrix (Verfahren nach Nohl)

Wahrscheinlichkeit des Wirksamwerdens der Gefährdung	Mögliche Schadensschwere	Leichte Verletzungen oder Erkrankungen	Mittelschwere Verletzungen oder Erkrankungen	Schwere Verletzungen oder Erkrankungen	Möglicher Tod. Katastrophe
Sehr gering		1	2	3	4
Gering		2	3	4	5
Mittel		3	4	5	6
Hoch		4	5	6	7

Maßzahl	Risiko	Beschreibung
1 - 2	gering	Risiko akzeptabel
3 - 4	signifikant	Reduzierung des Risikos notwendig
5 - 7	hoch	Risikoreduzierung dringend erforderlich

Tabelle 2: Risikomatrix nach Nohl

Michael@Lenges.de

Weiterführende Schlussfolgerungen IV

Grob-struktur	Gefährdungsfaktor	Gefahrenquelle	Gefahrbringende Bedingungen	Gefährdung	Beurteilung
mech. Faktor	Bewegte Teile	autom. Bewegung des Erodierkopfes und des Elektrodenwechslers	Außerkraft setzen des Schutzschalters an der Bearbeitungsklappe	Stoß	3
	Oberflächen-beschaffenheit	Scharfkantiger Grat	Werkstück Einsetzen und Ausrichten	Schnitt	2
	Bewegte Arbeits- und Transportmittel	Werkstück und Elektrode	Werkstück Einsetzen und Ausrichten	Stoß	2
	Unkontrolliert bewegte Teile	autom. Bewegung des Erodierkopfes und des Elektrodenwechslers	Außerkraft setzen des Schutzschalters an der Bearbeitungsklappe	Stoß	3
	Ausrutschen	Dielektrikum auf dem Fußboden	Öffnen der Bearbeitungsklappe	Sturz	2
elektr. Faktor	Gef. Körperströme	Elektrodenstrom	Außerkraft setzen des Schutzschalters an der Bearbeitungsklappe	Stromschlag	3
	Störlichtbogen	Elektrodenstrom	Außerkraft setzen des Schutzschalters an der Bearbeitungsklappe	Verbrennung	3
	Elektrostat. Vorgänge	Elektrodenstrom	Außerkraft setzen des Schutzschalters an der Bearbeitungsklappe	Stromschlag	3
Therm. Faktor	Heiße Medien / Oberflächen	Werkstück und Elektrode	Außerkraft setzen der Temperaturüberwachung	Verbrennung	2
Arbeit-umgebung	Klima	Fenster beidseitig und im Dach der Halle	Zugluft	Bewegungsapparat Erkältung	2
	Beleuchtung	Fenster beidseitig und im Dach der Halle	Wetterabhängig	Sehen	1
		Deckenleuchte	Schlechte Anordnung	Sehen	4
		Maschinenleuchte	Ausfall	Sehen	1
Schall	Lärm	Metallbearbeitung	Schlechte Spannung	Gehörverlust	1
Strahlung	Elektromagn. Felder	Elektrodenstrom erzeugt Störlichtbogen	Fehlfunktion der Abschaltautomatik	Gewebestörungen	2
	Ultraviolette Strahlung	Elektrodenstrom erzeugt Störlichtbogen	Fehlfunktion des Photosensors	Gewebestörungen	2
Chemische	Brandgefahr durch Flüssigkeiten	Elektrodenstrom erzeugt Störlichtbogen	Berührung der Elektrode mit dem Werkstück und Dielektrikumsgemisch falsch	Verbrennung	4
Gefahrstoffe	Flüssigkeiten	Dielektrikum	Spritzer	Augenverletzung	2
	Gase, Nebel, Dämpfe	Verbrennungsprozess	Einatmen	Lungenerkrankung, Augenverletzung	4
Physische Belastung	Arbeitsschwere	Einrichten der Maschine	Schwere dynamische Arbeit	Bewegungsapparat	2
Psychische Belastung	Aufmerksamkeit	Programmieren, Einrichten	Stress	versch. Auswirkungen	2
	Verantwortung	hoher Geldwert	Stress	versch. Auswirkungen	2
	Vorhersehbarkeit	autom. Programmablauf	Stress	versch. Auswirkungen	2
	Aufgabenwechsel	Mehrere Maschinen	Zu viele Tätigkeiten gleichzeitig	versch. Auswirkungen	2
	Teamarbeit	Teilaufgabe	Nur Teile des Gesamtablaufs sind bekannt	Unzufriedenheit	1

Tabelle 3: Risikobeurteilung

Michael@Lenges.de

Grob-struktur	Gefährdungsfaktor	Gefahrenquelle	Gefahrbringende Bedingungen	Gefährdung	Beur-teilung	Ziel
mech. Faktor	Bewegte Teile	autom. Bewegung des Erodierkopfes und des Elektrodenwechslers	Außerkraft setzen des Schutzschalters an der Bearbeitungsklappe	Stoß	3	keine Verletzung
	Oberflächen-beschaffenheit	Scharfkantiger Grat	Werkstück Einsetzen und Ausrichten	Schnitt	2	-
	Bewegte Arbeits- und Transportmittel	Werkstück und Elektrode	Werkstück Einsetzen und Ausrichten	Stoß	2	-
	Unkontrolliert bewegte Teile	autom. Bewegung des Erodierkopfes und des Elektrodenwechslers	Außerkraft setzen des Schutzschalters an der Bearbeitungsklappe	Stoß	3	keine Verletzung
	Ausrutschen	Dielektrikum auf dem Fußboden	Öffnen der Bearbeitungsklappe	Sturz	2	-
elektr. Faktor	Gef. Körperströme	Elektrodenstrom	Außerkraft setzen der an der Bearbeitungsklappe	Stromschlag	3	keine Verletzung
	Störlichtbogen	Elektrodenstrom	Außerkraft setzen der an der Bearbeitungsklappe	Verbrennung	3	keine Verletzung
	Elektrostat. Vorgänge	Elektrodenstrom	Außerkraft setzen des Schutzschalters an der Bearbeitungsklappe	Stromschlag	3	keine Verletzung
Therm. Faktor	Heiße Medien / Oberflächen	Werkstück und Elektrode	Außerkraft setzen der Temperaturüberwachung	Verbrennung	2	-
Arbeit-umgebung	Klima	Fenster beidseitig und im Dach der Halle	Zugluft	Bewegungsapparat Erkältung	2	-
	Beleuchtung	Fenster beidseitig und im Dach der Halle	Wetterabhängig	Sehen	1	-
		Deckenleuchte	Schlechte Anordnung	Sehen	4	bessere Sicht-verhältnisse
		Maschinenleuchte	Ausfall	Sehen	1	-
Schall	Lärm	Metallbearbeitung	Schlechte Spannung	Gehörverlust	1	-
Strahlung	Elektromagn. Felder	Elektrodenstrom erzeugt Störlichtbogen	Fehlfunktion der Abschaltautomatik	Gewebestörungen	2	-
	Ultraviolette Strahlung	Elektrodenstrom erzeugt Störlichtbogen	Fehlfunktion des Photosensors	Gewebestörungen	2	-
Chemische	Brandgefahr durch Flüssigkeiten	Elektrodenstrom erzeugt Störlichtbogen	Berührung der Elektrode mit dem Werkstück und Dielektrikumsgemisch falsch	Verbrennung	4	Brand vermeidung
Gefahrstoffe	Flüssigkeiten	Dielektrikum	Spritzer	Augenverletzung	2	-
	Gase, Nebel, Dämpfe	Verbrennungsprozess	Einatmen	Lungenerkrankung, Augenverletzung	4	Emissionss chutz
Physische Belastung	Arbeitsschwere	Einrichten der Maschine	Schwere dynamische Arbeit	Bewegungsapparat	2	-
Psychische Belastung	Aufmerksamkeit	Programmieren, Einrichten	Stress	versch. Auswirkungen	2	-
	Verantwortung	hoher Geldwert	Stress	versch. Auswirkungen	2	-
	Vorhersehbarkeit	autom. Programmablauf	Stress	versch. Auswirkungen	2	-
	Aufgabenwechsel	Mehrere Maschinen	Zu viele Tätigkeiten gleichzeitig	versch. Auswirkungen	2	-
	Teamarbeit	Teilaufgabe	Nur Teile des Gesamtablaufs sind bekannt	Unzufriedenheit	1	-

Tabelle 4: Schutzziele

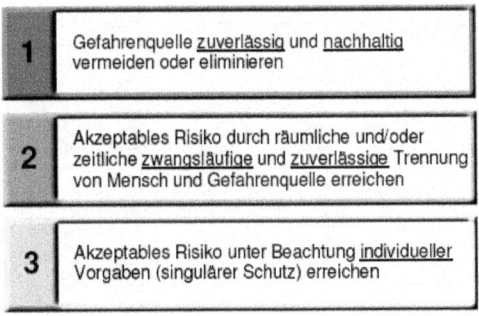

Tabelle 5: Qualitätsebenen der Schutzziele
Michael@Lenges.de

Weiterführende Schlussfolgerungen VI

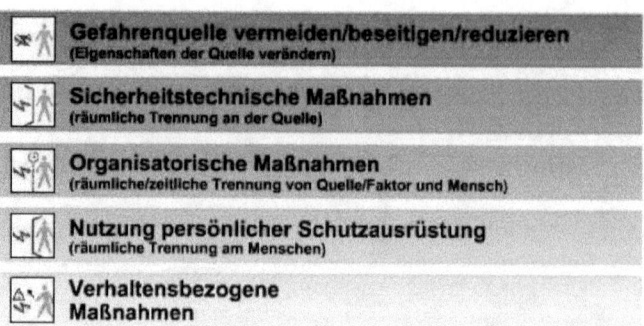

Tabelle 6: Maßnahmenhierarchie

Qualitätsebenen der Schutzziele		Zugehörige Maßnahmenhierarchie	
1	Das Entstehen von Stäuben zuverlässig und nachhaltig vermeiden.		Modifizierung des Verfahrens, so dass keine Inert-Stäuben entstehen.
2	Stäube sollen durch räumliche und/oder zeitliche Trennung nicht in den Bereich der Menschen gelangen.		Technische Maßnahme (z.B. Absaugung,), die verhindert, dass es zu einer Staubbelastung des Menschen am Arbeitsplatz kommt.
			Zeitliche Unterbrechung des Schleifvorganges, um übermäßige Staubkonzentration zu vermeiden.
3	Durch individuelle Vorgaben verhindern, dass Stäube eingeatmet werden.		Durch persönliche Schutzausrüstung das Einatmen von Inert-Stäuben ausschließen.
			Besonders vorsichtige Gestaltung des Arbeitsvorgangs durch den Einzelnen, so dass es zu keinem Gesundheitsschaden kommt.

Tabelle 7: Zuordnung der Qualitätsebenen zur Maßnahmenhierarchie

Kriterium	Gewichtung G	Erreicht L1	Lösung 1 G x EL1	Erreicht L2	Lösung 2 G x EL2	Erreicht L3	Lösung 3 G x EL3
Erreichung des Schutzzieles	3	3	9	3	9	1	3
Realisierbarkeit	2	2	4	3	6	3	6
neue Gefährdungen werden Vermieden	2	3	6	3	6	1	2
Mitarbeiterakzeptanz	2	2	4	3	6	1	2
Wirtschaftlichkeit	2	1	2	2	4	2	4
Summe			25		31		17

Tabelle 8: Nutzwertanalyse zu 4

Michael@Lenges.de

Maßnahme	Termin	Verantwortlich
Lösungsauswahl	schon geschehen	Unternehmensleitung
Planen der Umbaumaßnahmen	15.09.2007	Meister
Lieferantenauswahl	01.10.2007	Unternehmensleitung
Umbaumaßnahmen durch führen	15.10.2007	Lieferant
Abnahme der Umbaumaßnahmen	18.10.2007	Meister
Wikungskontrolle	20.10.2007	Sicherheitsfachkraft

Tabelle 9: Zeitplan zur Durch- und Umsetzung der Lösung 2

Weiterführende Schlussfolgerungen VIII

Abschlußerklärung

Der vorliegende Praktikumsbericht enthält vertrauliche Informationen der

Firma GmbH,

Strasse 13,

12345 Stadt.

Jede Veröffentlichung und / oder Vervielfältigung in Inhalten, auch auszugsweise, ist ohne ausdrückliche Zustimmung des Unternehmens unzulässig.

Ich versichere hiermit, dass die Rescherchen zu dieser Thematik, die Umsetzung und der daraus resultierende Praktikumsbericht von mir unter Verwendung der im Anhang genannten Quellen erstellt wurden.

Bergisch Gladbach, den 30.08.2007

Name

Michael@Lenges.de

Praktikumsbericht
im Rahmen der Ausbildung zur
Fachkraft für Arbeitssicherheit

Thema:
Gefährdungsbeurteilung bei einem Großraumbüro

Praktikumsbetrieb:
Firma Mustermann

Betrieblicher Mentor:
Max Mustermann

Ansprechpartner des Ausbildungsträgers:
Max Mustermann

Ausbildungsträger:
Bundesanstalt für Arbeitsschutz und Arbeitsmedizin

Verfasser:
Thorsten Landwehrs

Erstellungszeitraum:
06.07.2007 – 23.08.2007

Abgabedatum:
23.08.2007

Inhaltsverzeichnis

1. Ausgangssituation und Problemstellung 4
   1.1 Unternehmenskontext 4
   1.2 Handlungsanlass 4
   1.3 Problemstellung 5
   1.4 Nutzen für das Unternehmen 6

2. Zielsetzung und Vorgehensweise 6
   2.1 Zielsetzung 6
   2.2 Vorgehensweise 7

3. Ergebnisse 7
   3.1 Analyse 7
   3.2 Beurteilung 9
   3.3 Ziele und Anforderungen 10
   3.4 Lösungssuche 10
   3.5 Durch- und Umsetzung 12
   3.6 Wirkungskontrolle 12

4 Schlussfolgerungen 13
   4.1 Schlussfolgerungen für das Unternehmen 13
   4.2 Schlussfolgerungen für die Fachkraft für Arbeitssicherheit 14

Anlagen

Anlage 1: Protokoll zur Begehung

Anlage 2: Gefährdungsermittlung

Anlage 3: Risikobewertung mittels Risikomatrix-Verfahren nach Nohl

Anlage 4: Großraumbüro Ist-Zustand

Anlage 5: Großraumbüro Soll-Zustand

Abstract

Das Praktikum für die Ausbildung zur Fachkraft für Arbeitssicherheit wurde bei der Firma Mustermann durchgeführt. Aufgrund von organisatorischen Veränderungen innerhalb einer Abteilung, wurden zwei Büros zu einem Großraumbüro zusammengefasst. Durch die Umbaumaßnahmen und der damit verbundenen Neuanordnung der Arbeitsplätze, die in Eigenregie der Mitarbeiter erfolgte, war der Handlungsanlass für eine Gefährdungsbeurteilung gegeben. Ziel der Praktikumsarbeit war es, alle vorhandenen Gefährdungen in dem Großraumbüro auf ein akzeptables Restrisiko zu reduzieren. Zudem sollte noch eine wichtige Grundlage für weitere Gefährdungsbeurteilungen geschaffen werden. Bei der Analyse wurden durch eine Begehung und die Auswertung der Bildschirmarbeitsplatzanalyse die Gefährdungsfaktoren Lärm (Multifunktionsgerät, Mitarbeiter und laufende Lastkraftwagen), Klima (Zugluft durch geöffnete Bürotür) und Licht (Sonneneinstrahlung) identifiziert. Daraufhin wurden die Gefährdungen mit dem Risikomatrixverfahren nach Nohl bewertet. Das Ergebnis war bei allen Gefährdungen ein signifikantes Risiko (Risikozahl 3-4) und die Notwendigkeit zur Reduzierung des Risikos war gegeben. Als Ziel wurde die Verbesserung der Konzentrationsfähigkeit durch die nachhaltige Verringerung der Belastungsfaktoren bis September 2007 definiert. Bei der Lösungssuche wurde der Vorschlag, dass Multifunktionsgerät aus dem Großraumbüro zu entfernen, umgesetzt. Weiterhin wurde die Anordnung der Arbeitsplätze geändert, um so die anderen Gefährdungen zu reduzieren bzw. zu eliminieren. Nach der Durchführung der Maßnahmen wurde bei der Wirkungskontrolle, die in Zusammenarbeit mit der Führungskraft stattgefunden hat, eine erneute Begehung durchgeführt. Dabei wurde insbesondere die mögliche Entstehung neuer Gefährdungen berücksichtigt. So konnte am Ende der Gefährdungsbeurteilung die Systemsicherheit festgestellt werden.

1. Ausgangssituation und Problemstellung

1.1 Unternehmenskontext

...

1.2 Handlungsanlass

Bei der Beurteilung der Arbeitsbedingungen nach § 5 des Arbeitsschutzgesetzes hat der Arbeitgeber bei Bildschirmarbeitsplätzen die Sicherheits- und Gesundheitsbedingungen insbesondere hinsichtlich einer möglichen Gefährdung des Sehvermögens sowie körperlicher Probleme und psychischer Belastungen zu ermitteln und zu beurteilen. Die Überprüfung der Bildschirmarbeitsplätze erfolgt bei der Firma Mustermann mittels einer digitalen Präsentation mit einem dazugehörigen Fragebogen, bei denen die Mitarbeiter ein Kreuz für „trifft zu" oder „trifft nicht zu" setzen können. Dieser Fragebogen wurde in Zusammenarbeit mit der Fachkraft für Arbeitssicherheit und dem Betriebsarzt erstellt. Bei den Arbeitsplätzen, wo ein Kreuz bei „trifft nicht zu" gesetzt wurde, erfolgt durch die Fachkraft für Arbeitssicherheit und dem Betriebsarzt eine Begehung (siehe Anhang) des entsprechenden Bildschirmarbeitsplatzes. Nach organisatorischen Veränderungen in einer Abteilung, die zudem auch noch Umbaumaßnahmen zur Folge hatten, sah man die Notwendigkeit einer Gefährdungsbeurteilung, um hierbei präventiv alle Gefährdungen auf ein Minimum zu reduzieren oder gar ausschließen zu können. Bisher hatte man im Bürobereich noch keine Gefährdungsbeurteilung durchgeführt. Daher soll diese Gefährdungsbeurteilung als Vorlage für weitere Gefährdungsbeurteilungen dienen.

1.3 Problemstellung

Aufgrund der ständig steigenden Anforderungen an ein Unternehmen, welche auf die zunehmende Globalisierung der Märkte, die immer schnellere Entwicklung, den zunehmenden Konkurrenzdruck und nicht erfüllte Gewinnerwartungen zurückzuführen sind, muss dieses in der Lage sein schnell und flexibel darauf zu reagieren. Das geschieht oftmals in Form von neuen Mitarbeitern oder der Bildung von Projektteams, bis hin zur Umstrukturierung von ganzen Abteilungen. Um diese strukturellen Veränderungen realisieren zu können, müssen die entsprechenden räumlichen Gegebenheiten geschaffen werden. Die daraus resultierenden Umbaumaßnahmen werden von den Abteilungsleitern kurzfristig beschlossen und müssen meist schnell realisiert werden. Demzufolge wird bei den Planungen großer Wert auf die schnelle und günstige Realisierung der Umbaumaßnahmen gelegt. Der Arbeitsschutz wird dabei nur zum Teil oder ganz außer Acht gelassen.

Aufgrund der Umstrukturierung einer Abteilung wurden zwei Gruppenbüros zu einem Großraumbüro (Anlage 4) umgebaut. In diesem Großraumbüro arbeiten derzeit 14 Personen. Davon sind vier Mitarbeiter (gelb markiert) für die Reklamationen und Nachbestellungen der Kunden zuständig. Weitere sechs Mitarbeiter (rot markiert) erstellen aufgrund der Reklamationen und Nachbestellungen neue Rechnungen bzw. stornieren die alten Rechnungen. Für die Rücknahme von Leergut (Flaschen, Paletten) sind vier Mitarbeiter (blau markiert) verantwortlich. In dem Büroraum steht neben den Computern auch noch ein Multifunktionsgerät (MFG), worauf die gesamte Abteilung (ca. 25 Mitarbeiter) zugreift. Das MFG ist hoch frequentiert und hat die Funktionen drucken, kopieren, faxen und scannen. Dadurch herrscht in dem Büro ein reger Durchgangsverkehr und damit verbunden ein erhöhter Lärmpegel. Des Weiteren sind einige Arbeitsplätze so angeordnet worden, dass es besonders bei Sonneneinstrahlung zu Blendungen auf den Monitoren kommen könnte. Um schon im Vorfeld, den möglichen arbeitsbedingten Erkrankungen entgegen zu wirken, wird präventiv eine Gefährdungsbeurteilung durchgeführt.

1.4 Nutzen für das Unternehmen

Durch eine detaillierte Gefährdungsbeurteilung werden Defizite im Bereich des Arbeitsschutzes aufgedeckt. Das Unternehmen hat davon folgenden Nutzen:

- Zufriedene und dadurch motivierte Mitarbeiter
- Verminderung von arbeitsbedingten Erkrankungen
- Erhöhung der Leistungsfähigkeit der Mitarbeiter
- Steigerung der Produktivität
- Vertrauen und z.T. Sympathie der Mitarbeiter
- Rechtssicherheit
- Schaffung einer leistungssteigernden Arbeitsumgebung
- Synergie Effekte für weitere Gefährdungsbeurteilungen

Der Nutzen für das Unternehmen kann sich sowohl direkt als auch indirekt darstellen. Reduzierte Krankenstände können zum Beispiel direkt ermittelt und anhand von Kennzahlen verglichen werden. Dagegen sind Faktoren wie die Motivation oder die Leistungssteigerung nicht immer direkt zu erkennen. Der Nutzen wird allerdings langfristig sichtbar, da gesunde und zufriedene Mitarbeiter produktiver arbeiten.

2. Zielsetzung und Vorgehensweise

2.1 Zielsetzung

Ziel der Gefährdungsbeurteilung in dem Großraumbüro ist, alle Gefährdungen auf ein akzeptables Restrisiko zu reduzieren, um die darin arbeitenden Mitarbeiter vor Gesundheitsschäden zu schützen. Zudem soll eine Grundlage für weitere Gefährdungsbeurteilungen geschaffen werden. Das akzeptable Risiko sollte dabei allerdings mindestens unter das Grenzrisiko abgesenkt werden. Weiterhin sollen konkrete Ziele für den Arbeitsschutz vereinbart und umgesetzt werden. Die umgesetzten Maßnahmen werden auf ihre Wirksamkeit hin kontinuierlich überprüft und erneute Veränderungen der Arbeitsbedingungen werden regelmäßig an die Arbeitsschutzmaßnahmen angepasst. Am Ende der Gefährdungsbeurteilung muss Systemsicherheit vorliegen.

2.2 Vorgehensweise

Auf Grundlage der Bildschirmarbeitsplatzanalyse und den anschließenden Begehungen sollen, unter Einbindung der Mitarbeiter, die Gefährdungen im Großraumbüro identifiziert werden. Die Mitarbeiter können dabei wertvolle Informationen zu den Arbeitsabläufen liefern. Diese gewonnenen Erkenntnisse werden anschließend in einer Arbeitsgruppe, die aus der Fachkraft für Arbeitssicherheit, dem Betriebsarzt, dem Sicherheitsbeauftragten und den betroffenen Mitarbeitern besteht, hinsichtlich der Gefährdungen und den damit verbundenen Risiken beurteilt. Hierbei steht besonders die systematische und strukturierte Vorgehensweise der Gefährdungsbeurteilung im Vordergrund, da hiermit auch den Mitarbeitern ein verständlicher und umfangreicher Überblick verschafft werden kann. Durch die Einbeziehung der Mitarbeiter können wichtige Informationen über mögliche Probleme, Gefährdungen und Belastungen an den Arbeitsplätzen identifiziert werden. Es werden auch die individuellen Leistungsvoraussetzungen der Mitarbeiter berücksichtigt. Zudem können diese bei der Planung und Gestaltung ihre persönlichen Vorstellungen und Erwartungen einbringen. Anschließend werden die Risiken mittels der Risikobeurteilung nach Nohl evaluiert und es können daraus entsprechende Ziele abgeleitet werden. Um die gesetzten Ziele auch umsetzen zu können, werden entsprechende Lösungsalternativen entwickelt. Nach der Durch- und Umsetzungsphase folgt die Wirkungskontrolle, bei der besonders auch die Reichweite der Maßnahmen geachtet wird.

3. Ergebnisse

3.1 Analyse

Am Anfang der Analyse wurde das Arbeitssystem entsprechend der Aufgabenstellung abgegrenzt. Als Gesamtsystem wurde hier das Großraumbüro angesehen welches gleichzeitig die Systemgrenze bildet. Das Teilsystem besteht aus den jeweiligen Arbeitsplätzen und die Subsysteme bilden die Arbeitsgeräte wie Drucker, Computer und Telefone.

Im ersten Schritt der Gefährdungsermittlung wurde eine Begehung durchgeführt. Hierzu wurde ein Vorgespräch mit dem Betriebsarzt und der Fachkraft für Arbeitssicherheit durchgeführt. Im Vorfeld der Begehung sind erste Informationen und Hilfsmittel, in Form von digitalen Flächenstrukturplänen und einem aktuellen Vorschriftenwerk für die Begehung zusammengestellt worden. Durch die Begehung konnte man einen Überblick über die Arbeitsabläufe gewinnen und es wurden Ansatzpunkte für genauere Untersuchungen identifiziert. Offensichtliche Gefährdungen wurden erkannt und dokumentiert (Anlage 1). Nach der Begehung wurden gemeinsam die Eindrücke und die Ergebnisse aufgearbeitet.

Im Folgenden werden die Elemente des Arbeitssystems erläutert:

Eingabe: Energie, Informationen in Form von Anrufen, Fax, E-Mail und Gesprächen.

Arbeitsaufgabe: In dem Großraumbüro arbeiten 14 Mitarbeiter der Abteilung Customer Service. Alle Mitarbeiter sind Vollzeit beschäftigt und die Hauptaufgaben sind die Reklamationen und Nachbestellungen per Telefon entgegen zu nehmen (vier Mitarbeiter).

Diese können bspw. durch eine falsche Kommissionierung auftreten. Die anfallenden Stornierungen und Rechnungen die dadurch entstehen, werden von sechs Mitarbeitern bearbeitet. Weiterhin wird in dem Büro die Rückführung von Leergut, wie Paletten, Getränke und Brotkörbe koordiniert (vier Mitarbeiter).

Arbeitsmittel: Computer, Telefon, Multifunktionsgerät, Headset

Arbeitsplatz/Arbeitsstätte: Schreibtisch in einem Großraumbüro, welches sich in einem Bürogebäude befindet. Unter dem Bürogebäude befindet sich der Lagerbereich.

Arbeitsablauf: Alle Reklamationen oder Nachbestellungen werden über das Telefon abgewickelt. Das bedeutet, dass die vier zuständigen Mitarbeiter jeweils ca. sieben Stunden ihrer Arbeitszeit (i.d.R. acht Stunden pro Tag) mit einem kabellosen Headset telefonieren. Sie geben die fehlerhaften Bestellungen in ein Computerprogramm ein, auf das die anderen sechs Mitarbeiter, die Stornierungen veranlassen und neue Rechnungen schreiben zugreifen. Die anderen vier Mitarbeiter arbeiten überwiegend am Computer und telefonieren ca. eine Stunde am Tag.

Mensch: Mitarbeiter Servicetelefon, Mitarbeiter Bestellung, Mitarbeiter Backoffice

Arbeitsumgebung: Büro- und Flurbereich, Hof mit parkenden und fahrenden LKW (bei den parkenden LKW läuft für die Kühlung beim Beladen der Motor). Unter dem Büro befindet sich der Lagerbereich und darüber befinden sich weitere Büros.

Ausgabe: Informationen in Form von Anrufen, Fax, E-Mail und Gesprächen, Bestellungen in Papierform

Um sämtliche Gefährdungen in dem Großraumbüro identifizieren zu können, wurden systematisch alle Gefährdungsfaktoren betrachtet. Dabei wurden den Mitarbeitern, ausgehend von der Bildschirmarbeitsplatzanalyse, konkrete Fragen gestellt, wodurch auch die nicht ersichtlichen Gefährdungen, wie bspw. Konzentrationsschwäche oder psychische Belastungen ermittelt werden konnten. Nach der arbeitsablauforientierten Gefährdungsermittlung (Anlage 2) wurde die objektorientierte Gefährdungsermittlung durchgeführt. Bei der objektorientierten Gefährdungsermittlung (Anlage 2) wurde neben den Arbeitsplätzen und Arbeitsmitteln auch die Arbeitsorganisation betrachtet. Bei der Arbeitsorganisation wurde festgestellt, dass die Mitarbeiter nicht optimal im Großraumbüro platziert sind. Mitarbeiter die überwiegend Computertätigkeiten verrichten und sich konzentrieren müssen, sitzen neben Mitarbeitern die hauptsächlich telefonieren. Des Weiteren wurden alle angrenzenden Arbeitssysteme betrachtet. Hierbei wurde festgestellt, dass bei geöffnetem Fenster, eine Lärmbelästigung durch laufende Lastkraftwagen verursacht wurde. Dadurch, dass das Multifunktionsgerät in dem Großraumbüro steht und die gesamte Abteilung darauf zugreift, herrscht ein ständiger Durchgangsverkehr. Eine Mitarbeiterin klagte, aufgrund der ständig geöffneten Bürotür, über Zugluft. Im Bereich eines Arbeitsplatzes wurde eine Stolpergefahr ersichtlich, welche von einem Verlängerungskabel ausgeht. Bei der Gefährdungsermittlung wurden auch die individuellen Leistungsvoraussetzungen der Mitarbeiter berücksichtigt.

3.2 Beurteilung

Im Rahmen der Gefährdungsermittlung wurden alle auftretenden Gefährdungen hinsichtlich des Risikos bewertet. Dafür wurde das Risikomatrix-Verfahren nach Nohl angewendet. Es stellte sich heraus, dass der Lärm in dem Großraumbüro die größte Gefährdung für die Mitarbeiter darstellt. Dieser wird hauptsächlich durch das Multifunktionsgerät, durch die Telefonate und durch den Durchgangsverkehr verursacht. Die Folgen davon sind Konzentrationsmangel und psychische Belastungen.

Da das Multifunktionsgerät als größte Gefährdung identifiziert wurde, hat dieses die höchste Priorität. Die Risikobewertung für das Multifunktionsgerät (Anlage 3) ergab, dass die Maßzahl 3-4 mit dem Risiko signifikant eine Reduzierung des Risikos notwendig macht. Die anderen Gefährdungen wurden ebenfalls bewertet. Hierbei war ebenfalls das Resultat, dass eine Reduzierung der Risiken notwendig ist. Diese können allerdings mit relativ geringem Aufwand beseitigt bzw. reduziert werden. Für einen veralteten Röhrenmonitor ist bereits ein TFT Monitor bestellt worden. Es sollte allerdings kontrolliert werden, ob der neue Monitor auch tatsächlich zum Einsatz kommt. Betrachtet man alle Gefährdungen zusammen, so können sich diese stärker auf die Mitarbeiter auswirken als im Einzelfall. Dadurch könnte es zu einer höheren Gesamtbelastung kommen. Wenn man es allerdings schafft, den Lärm des Multifunktionsgeräts zu eliminieren, so würde der Lärmpegel im Großraumbüro nachlassen.

3.3 Ziele und Anforderungen

Ausgehend von der Ziel- und Maßnahmenhierarchie sind Ziele mit möglichst hoher Reichweite zu formulieren. Hierbei sollte die Erreichbarkeit des Grenzrisikos unter Berücksichtigung der betrieblichen und wirtschaftlichen Realisierbarkeit angestrebt werden. Die Beseitigung der größten Gefahrenquelle (Multifunktionsgerät) ist in diesen Fall nicht vollständig möglich, da das Gerät aufgrund der Arbeitsaufgabe weiterhin vorhanden sein muss. Durch die Wahl eines anderen Standortes könnte allerdings, gemäß der zweiten Qualitätsebene von Schutzzielen, eine zuverlässige Trennung von Mensch und Gefahrenquelle erreicht werden. Dadurch würden die anderen Faktoren (Telefonate, laufende Lastkraftwagen, Zugluft), die auf die Konzentrationsschwäche zurückzuführen sind, auf ein akzeptables Risiko sinken. Laut Aussage der Mitarbeiter war es früher, ohne das Multifunktionsgerät, angenehmer zu arbeiten.

Ausgehend von der Analyse und der anschließenden Beurteilung der Gefährdungsfaktoren wurden die Ziele wie folgt formuliert.

Grobziel:
- Verbesserung der Konzentrationsfähigkeit durch die nachhaltige Verringerung der Belastungsfaktoren bis September 2007

Feinziele bis September 2007:
- Reduzierung des Lärmpegels
- Vermeidung von Erkrankungen durch Zugluft
- Vermeidung von Stolpergefahren

Die Zielformulierung wurde bewusst präventiv ausgelegt. Daher werden die formulierten Ziele als ausreichend angesehen, um auch in der Zukunft die Belastungsfaktoren auf ein akzeptables Restrisiko zu minimieren bzw. zu halten.

3.4 Lösungssuche

Zunächst wurden der verantwortlichen Führungskraft die formulierten Ziele genauer erläutert. Besonders die hohe Reichweite der Ziele wurde ausführlich diskutiert, um so die Führungskraft für die Arbeitssicherheit zu sensibilisieren. Einige Gefährdungen, wie z.B. die

Stolperkante oder der Monitor können mit geringem Aufwand eliminiert werden. Die Umsetzung wurde von der Führungskraft umgehend veranlasst. Bei den Headsets wurde nach Einsicht in die Herstellerdaten festgestellt, dass hiervon keine Gefährdungen ausgehen. Über zwei Gefährdungen wurde ausführlicher diskutiert. Zum einen über das Multifunktionsgerät und zum anderen über die Zugluft. Hierbei wurden die Mitarbeiter in die Lösungssuche mit einbezogen. Danach wurden seitens der Führungskraft erste Vorschläge zur Beseitigung der beiden Gefährdungsfaktoren geäußert.

Zum einen wurde vorgeschlagen, dass Multifunktionsgerät an einem anderen Ort im Großraumbüro zu platzieren. Diese Lösung wurde als suboptimal angesehen, da hierdurch zwar der Lärmpegel geringfügig reduziert werden könnte, aber das Problem des Durchgangsverkehrs und dem damit verbundenen Lärm, wird dadurch nicht gelöst. Als andere Alternative wurde vorgeschlagen, dass Multifunktionsgerät auf den Flur zu stellen. So würde der Mensch und die Gefahrenquelle getrennt werden. Die Erreichbarkeit ist weiter gegeben und der Durchgangsverkehr würde stark zurück gehen. Diese Lösung wurde für sinnvoll angesehen. Bei der Gefährdung mit der Zugluft kommt nur eine Umstrukturierung des Großraumbüros in Frage, da die Zugangstüre zum Großraumbüro aufgrund baulicher Gegebenheiten nicht versetzt werden kann. Ein Vorschlag hierfür wurde von der Führungskraft, der Fachkraft für Arbeitssicherheit, dem Betriebsarzt und unter Einbindung der beteiligten Mitarbeiter erarbeitet. Hierbei wurde besonders auf die Arbeitsaufgabe geachtet, um so die Mitarbeiter optimal zu platzieren.

3.5 Durch- und Umsetzung

Nachdem alle Vorschläge zur Beseitigung der Gefährdungen erarbeitet wurden, mussten diese entsprechend aufgearbeitet und vor der Geschäftsführung präsentiert und anschließend genehmigt werden. Zu diesem Termin wurden auch die Fachkraft für Arbeitssicherheit und der Betriebsarzt eingeladen, um in weiterführenden Fragen das entsprechende Fachwissen einbringen zu können. Es wurde seitens der Fachkraft für Arbeitssicherheit verdeutlicht, welche Verantwortung der Unternehmer und die Führungskräfte haben und das diese von den Aufgaben und der Verantwortung der Fachkraft für Arbeitssicherheit abzugrenzen sind. Der Geschäftsführung war es wichtig, dass durch die Umstrukturierung des Großraumbüros der Arbeitsablauf nicht beeinträchtigt wird. Hier konnte ein Konsens gefunden werden, der sowohl dem Unternehmen als auch der Arbeitssicherheit dient und es konnte mit der Umsetzung begonnen werden. Die

Umsetzung sollte in einem Monat abgeschlossen sein und die Führungskraft war für die Umsetzung verantwortlich. Die beteiligten Mitarbeiter wurden entsprechend informiert und es konnte Ihnen der Nutzen der Umstrukturierung verdeutlicht werden.

Als gesundheitsfördernde Maßnahme wurde von der Fachkraft für Arbeitssicherheit der Vorschlag gemacht, den Mitarbeitern zusätzlich zur Bildschirmarbeitsplatzanalyse eine Schulung zur gesundheitsfördernden Sitzhaltung anzubieten. Hierbei könnten bspw. Übungen für die Wirbelsäule vermittelt werden. Dieser Vorschlag wurde von der Geschäftsführung sehr positiv aufgenommen und es soll ein Vorschlag seitens der Fachkraft für Arbeitssicherheit erarbeitet werden. Bei der Umstrukturierung wurde mit der Versetzung des Multifunktionsgeräts begonnen. Hierfür wurde zunächst die technische Realisierung (Strom, Netzwerkstecker) geprüft. Dabei wurde von der Fachkraft für Arbeitssicherheit die Frage aufgeworfen, ob es sich bei dem Flur um einen ausgewiesenen Flucht- und Rettungsweg handelt. Dies bestätigte sich allerdings, nach der Einsicht in die Baugenehmigung, nicht und das Multifunktionsgerät konnte versetzt werden. Bei der Umstrukturierung des Großraumbüros (Anlage 5) wurde insbesondere die BGI 650 zur Hilfe genommen. Hieraus konnten wichtige Hinweise für die Arbeitsplatzgestaltung genutzt werden. Es wurde versucht das Großraumbüro so zu gestalten, dass sowohl die Arbeitsaufgabe als auch der Arbeitsschutz bestmöglich berücksichtigt werden. Bei den Maßnahmen der Umstrukturierung durch eine externe Firma wurde ebenfalls auf die Einhaltung des Arbeitsschutzes geachtet. Alle Tische wurden so ausgerichtet, dass eine Blendung durch die Fenster ausgeschlossen werden kann. Weiterhin wurde auch berücksichtigt, dass durch
die Umstrukturierung neue Gefahren entstehen können. Aus diesem Grund wird nach der Umstrukturierung eine erneute Arbeitsplatzanalyse (in Form eines Fragebogens) durchgeführt.

3.6 Wirkungskontrolle

Bei der Wirkungskontrolle wurde überprüft, ob die formulierten Schutzziele erreicht werden. Restrisiken werden bewertet und das Arbeitssystem wird auf eventuelle neu entstandene Gefährdungen geprüft. Abschließend wird in einer erneuten Risikobewertung geprüft, ob das noch verbleibende Restrisiko unter dem Grenzrisiko liegt. Wenn das nicht zutrifft, muss erneut eine Gefährdungsermittlung durchgeführt werden. Die kontinuierliche Überprüfung der Arbeitssysteme stellt sicher, dass der Arbeitsschutz nachhaltig betrieben wird.

Nach Abschluss der erneuten Umstrukturierung wurde in Zusammenarbeit mit der Führungskraft eine Begehung mit abschließender Abnahme durchgeführt. Dabei wurde insbesondere die mögliche Entstehung neuer Gefährdungen berücksichtigt. Eine wichtige Voraussetzung für die Akzeptanz der Mitarbeiter war, dass sie bei der Gestaltung des Großraumbüros ihre eigenen Wünsche und Anregungen in die Planung einfließen lassen konnten. So konnten Diskussionen und Überzeugungsarbeiten so gut wie ausgeschlossen werden. Durch die Verlagerung des Multifunktionsgeräts konnte der Lärmpegel deutlich reduziert werden. Nach ersten Aussagen der Mitarbeiter ist es wesentlich angenehmer zu arbeiten. Zudem haben die Mitarbeiter der anderen Büros einen schnelleren Zugriff auf das Multifunktionsgerät. Durch die neue Anordnung der Arbeitplätze konnten die Gefährdungsfaktoren Licht (Blendung durch Sonneneinstrahlung) und Klima (Zugluft durch die ständig geöffnete Bürotür) reduziert bzw. eliminiert werden.

Bei der Wirkungskontrolle konnte abschließend festgestellt werden, dass durch die durchgeführten Maßnahmen das Restrisiko unter dem Grenzrisiko liegt. Hiermit wurde das Schutzziel „Verbesserung der Konzentrationsfähigkeit durch die nachhaltige Verringerung der Belastungsfaktoren bis September 2007" erreicht.

4 Schlussfolgerungen

4.1 Schlussfolgerungen für das Unternehmen

Die arbeitsgerechte Raumgestaltung ist ein entscheidender Einflussfaktor für die Zufriedenheit und somit auch für die Produktivität der Mitarbeiter. Dazu gehören z.B. die Anordnung der Arbeitsplätze oder auch die gesamte Arbeitsplatzgestaltung. Hierbei wurden insbesondere die Mitarbeiter beteiligt, um hier die individuellen Bedürfnisse des einzelnen Mitarbeiters zu berücksichtigen. Durch die Gefährdungsbeurteilung wurde ein wichtiger Schritt für den Arbeitsschutz im Unternehmen vollzogen. Es konnte den Geschäftsführern verdeutlicht werden, dass der Arbeitsschutz ein wichtiger Erfolgsfaktor für den Unternehmenserfolg ist. Der Mensch sollte dabei im Mittelpunkt stehen. Aufgrund des hohen Detaillierungsgrad der vorliegenden Gefährdungsbeurteilung, kann diese für weitere Beurteilungen genutzt werden.

4.2 Schlussfolgerungen für die Fachkraft für Arbeitssicherheit

Bei der Durchführung der Gefährdungsbeurteilung war durch die Anwendung des Handlungskreislaufes eine strukturierte Vorgehensweise gegeben. Es wurde deutlich, dass die Analyse der wichtigste Schritt der Gefährdungsbeurteilung ist, da sie die Grundlage für das weitere Vorgehen ist. Wenn hierbei Gefährdungen nicht erkannt worden sind, werden diese beim weiteren Vorgehen nicht berücksichtigt. Bei der Beurteilung der Gefährdungen war das Bewertungsverfahren nach Nohl sehr hilfreich. Hiermit konnte sehr anschaulich die Risikobeurteilung der Gefährdungen durchgeführt werden. Bei der Zielsetzung wurde, wie in der Ausbildung vermittelt, besonders auf die hohe Reichweite der Ziele geachtet. Bei der Lösungssuche wurde deutlich, dass es wichtig ist, die Fachkraft für Arbeitssicherheit schon bei der Planung von Umbau- bzw. Neubaumaßnahmen zu beteiligen. So können schon im Vorfeld Gefährdungen erkannt werden und es kommt nicht, wie in diesem Fall zu nachträglichen Kosten. Bei der Durch- und Umsetzung war ausschlaggebend, dass die Geschäftsführung von der Wichtigkeit der Maßnahmen überzeugt werden konnte. Mit der Wirkungskontrolle wurden die umgesetzten Maßnahmen auf ihre Wirksamkeit geprüft und die Systemsicherheit ist gegeben. Weiterhin wurde überprüft, ob eventuell neue Gefährdungen entstanden sind. Abschließend ist festzuhalten, dass durch die Gefährdungsbeurteilung der Arbeitsschutz im Unternehmen wesentlich vorangetrieben wurde, da der Großteil der Gebäude aus Büroräumen besteht. Daher kann diese ausführliche Ausarbeitung eine wichtige Hilfestellung für weitere Gefährdungsbeurteilungen werden.

Literatur und sonstige Quellen

- Arbeitssicherheit und Gesundheitsschutz im Büro, Peter Hartung, Weka Praxis Handbuch, Vorschriftentexte mit Umsetzungshilfe, Checklisten, Schulungsunterlagen mit Folien

- Berufsgenossenschaftliche Information BGI 650: Bildschirm- und Büroarbeitsplätze. Leitfaden für die Gestaltung; Verwaltungs-Berufsgenossenschaft

- Bildschirmarbeitsverordnung, Anhang Nr. 16 "Blendung"

- Berufsgenossenschaftliche Information BGI 7004: Klima im Büro Antworten auf die häufigsten Fragen

- Bundesanstalt für Arbeitsschutz und Arbeitsmedizin (Hrsg.): Akustische Gestaltung von Bildschirmarbeitsplätzen in Büros Technik 26, 4. Auflage Dortmund 2006

- Bildschirmarbeitsverordnung (BildscharbV) § 4 Anforderungen an die Gestaltung

- www.ergo-online.de

Eidesstattliche Erklärung

Ich erkläre an Eides statt, dass ich die vorliegende Arbeit selbstständig und ohne Benutzung anderer als der angegebenen Hilfsmittel angefertigt habe.

Die aus fremden Quellen direkt oder indirekt übernommenen Gedanken sind als solche kenntlich gemacht.

Die Arbeit wurde bisher in gleicher oder ähnlicher Form keiner anderen Prüfungsbehörde vorgelegt und auch noch nicht veröffentlicht.

Voerde, 23.08.2007

Thorsten Landwehrs

Anlagen

Protokoll zur Begehung am 01.08.2007 gemäß Arbeitssicherheitsgesetz

Unternehmen	Max Mustermann
Termin:	01.08.2007 im Bereich Büro (Großraumbüro)
Teilnehmer / Ansprechpartner	Sicherheitsbeauftragter Betriebsarzt Fachkraft für Arbeitssicherheit

Verteiler	Firma	Ansprechpartner	Funktion	Mail-Adresse
☒	Mustermann		Geschäftsführung	
☒	Mustermann	Herr Mustermann	SiBe	Mustermann@SiBe.de
☒	Mustermann	Herr Mustermann	BA	Mustermann@BA.de
☒	Mustermann	Herr Mustermann	Sifa	Mustermann@Sifa.de

Nr.	Sachverhalt / Inhalt / Gesprächspunkt:	Aufgabe	Termin:
1.	**Abkürzungen:** Zur Vereinfachung des Protokolls werden folgende Abkürzungen benutzt: SiFa Sicherheitsfachkraft BA Betriebsarzt SiBe Sicherheitsbeauftragter GF Geschäftsführung EH Ersthelfer MA Mitarbeiter BG Berufsgenossenschaft ASA Arbeitsschutzausschuss UVV Unfallverhütungsvorschrift BGV Berufsgenossenschaftliche Vorschrift TAB Technischer Aufsichtsbeamter (hier der BG)	-	
2.	**Mitarbeiterzahl:** 12 Mitarbeiter	-	-
3.	**Meldepflichtige Arbeitsunfälle in 2007:** Es wurden bisher in 2007 keine meldepflichtigen Arbeitsunfälle in dem Bereich verursacht. Meldepflichtige Arbeitsunfälle werden im Rahmen der ASA-Sitzungen besprochen	Kein Handlungsbedarf	
4.	**Organisation der Ersten-Hilfe bei der Fa. Mustermann:** Ersthelferregelung: Gemäß UVV BGV A1 § 26 sind Ersthelfer in ausreichender Anzahl zu bestellen. 5 % der anwesenden Mitarbeiter sind als Ersthelfer erforderlich. Anforderungen sind erfüllt Eine bebilderte Ersthelferliste ist im Bereich der Verbandkästen ausgehangen.	Kein Handlungsbedarf	
5.	**Arbeitsmedizinische Vorsorgeuntersuchungen:** Die arbeitsmedizinischen Vorsorgeuntersuchungen für Bildschirmarbeitsplätze nach dem Grundsatz G 37 werden den Mitarbeitern angeboten. Die Durchführung erfolgt in Absprache mit dem Arbeitsmedizinischen Zentrum.	Kein Handlungsbedarf	-
6.	**Unterweisungen im Arbeitsschutz**	Regel-	

Nr.	Sachverhalt / Inhalt / Gesprächspunkt:	Aufgabe	Termin:
	nach § 4 BGV A1 und § 12 Arbeitsschutzgesetz: Jährliche Unterweisungen im Arbeitsschutz sind erforderlich. Bei Neueinstellung sind die Mitarbeiter vor der Arbeitsaufnahme zu unterweisen. Die Inhalte der Unterweisung sind zu dokumentieren. Die Sicherheitsfachkraft und der Betriebsarzt sind hier gern auf Anfrage unterstützend tätig. Es werden gemeinsam Unterweisungshilfen erarbeitet. Danach sind die entsprechenden Unterweisungen durchzuführen.	mäßig Kontrollieren	
7.	**Begehung Bereich Arbeitsschutz:** Bildschirmarbeitsplätze: Individuelle Verbesserungsvorschläge an Bildschirmarbeitsplätzen wurden den Mitarbeitern arbeitsplatzbezogen im Rahmen der Begehung vermittelt.		
8.	**Begehung Bereich Arbeitsschutz:** - Durch ein Multifunktionsgerät (siehe Foto) liegt eine Lärmbelästigung vor.	Handlungsbedarf	Bis September 2007
9.	**Begehung Bereich Arbeitsschutz:** - Eine Mitarbeiterin, die im Bereich der Bürotür sitzt, klagt über Zugluft.	Handlungsbedarf	Bis Oktober 2007
10.	**Begehung Bereich Arbeitsschutz:** - Durch den regen Durchgangsverkehr herrscht ein erhöhter Lärmpegel	Handlungsbedarf	Bis Oktober 2007

Anlage 1: Protokoll zur Begehung

Gefährdungs-faktor	Gefährdungsermittlung			Risikobeurteilung			
	Gefahrenquelle	Gefahrbringende Bedingung	Gefährdung	Eintritts-wahr-scheinlichkeit	Mögliche Schadens-schwere	Risiko	Hand-lungs-bedarf
Arbeitsablauforientierte Gefährdungsermittlung							
Mechanisch	Verlängerungs-kabel	Verlegungsart	Sturz-gefährdung	Hoch	mittel	Signifikant	ja
Klima	Luft	Geöffnete Tür / Fenster	Erkältung	Hoch	gering	Signifikant	ja
Lärm	Mensch	Telefongespräche	Konzentrations-schwäche	Hoch	gering	Signifikant	ja
Lärm	Lastkraftwagen (Motor)	Laufender Lastkraftwagen	Konzentrations-schwäche	Mittel	gering	gering	Nein
Objektorientierte Gefährdungsermittlung							
Strahlung	Monitor	Eingeschalteter Computer	Bleibende Sehschwäche	Hoch	mittel	Signifikant	ja
Lärm	Emitierende Maschine Multifunktions-gerät	Schallharter Raum	Konzentrations-schwäche, Psychische Fehlbelastung	Hoch	bleibende Schäden	Hoch	ja
Licht	Sonne	Ausrichtung des Arbeitsplatzes	Konzentrations-schwäche	Hoch	gering	Signifikant	ja
Strahlung	Headset	telefonieren	Konzentrations-schwäche	mittel	gering	gering	Nein

Anlage 2: Gefährdungsermittlung

Wahrscheinlichkeit des Wirksamwerdens der Gefährdung	Mögliche Schadensschwere			
	leichte Verletzungen oder Erkrankungen	mittelschwere Verletzungen oder Erkrankungen	schwere Verletzungen oder Erkrankungen	möglicher Tod, Katastrophe
sehr gering	1	2	3	4
gering	2	3	4	5
mittel	3	4	5	6
hoch	4	5	6	7

Maßzahl	Risiko	Beschreibung
1-2	gering	Risiko akzeptabel
3-4	signifikant	Reduzierung des Risikos notwendig
5-7	hoch	Risikoreduzierung dringend erforderlich

Anlage 3: Risikobewertung mittels Risikomatrix-Verfahren nach Nohl

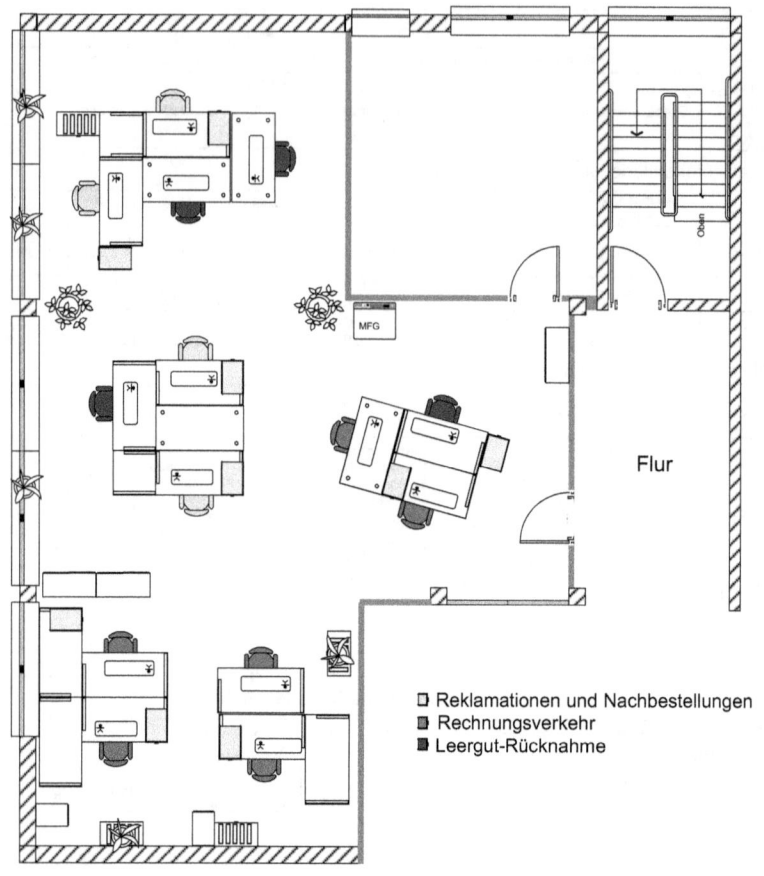

Anlage 4: Großraumbüro Ist-Zustand

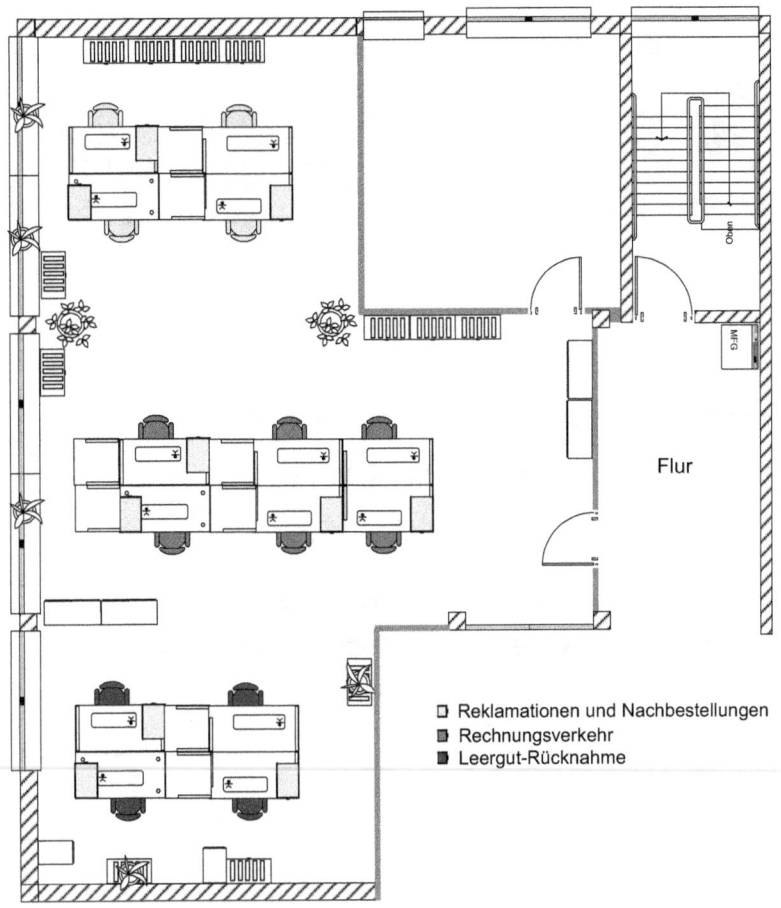

Anlage 5: Großraumbüro Soll-Zustand

Masterstudiengang

„Betriebssicherheitsmanagement"

an der

Technische Fachhochschule
Georg Agricola für Rohstoffe, Energie
und Umwelt zu Bochum

Herner Straße 45, 44787 Bochum

Praktikumsbericht

im Rahmen der Ausbildung zur Fachkraft für Arbeitssicherheit

Gefährdungsbeurteilung
„Fensterreinigung an hochgelegenen Arbeitsplätzen"
in der Gebäudereinigung

Praktikumsbetrieb:	Mustergebäudereinigungsgesellschaft mbH
erstellt von:	Dipl.-Ing. (FH) Holger von Stuckrad Strasse 33 12345 Stadt Tel.: 01234 / 123456
Ansprechpartner (Ausbildungsträger):	Prof. Dr. Rudolf Schumachers
Erstellungszeitraum:	August bis Oktober 2007
Abgabe:	im Oktober 2007

Kurzbericht

Die mit diesem Praktikumsbericht durchgeführte Gefährdungsbeurteilung für das Arbeitssystem „Fensterreinigung an hochgelegenen Arbeitsplätzen" wurde in einem als GmbH geführtes Gebäudereinigungsunternehmen mit etwa 10 Mitarbeitern durchgeführt.

Gemäß Arbeitsschutzgesetz ist der Arbeitgeber verpflichtet, die für die Beschäftigten mit ihrer Arbeit verbundenen Gefährdungen zu ermitteln und Maßnahmen mit dem Ziel zu veranlassen, eine Verbesserung von Sicherheit und Gesundheitsschutz anzustreben.

Die Ausführung der Dienstleistung „Fensterreinigung" erfolgt in den Gebäuden der Kunden, wobei das Hauptproblem bei den zu reinigenden Außenflächen der Fenster bzw. Fassaden im 2. bis 5. Obergeschoss liegt, da sich der Gebäudereiniger aufgrund fehlender Absturzsicherungen i. d. R. ungesichert aus den Fenstern herauslehnt oder heraustritt.

Der erwartete Nutzen bzw. Ziel ist es, bei der konkreten Arbeitssituation für die Gebäudereiniger sicheres und gesundheitsgerechtes Arbeiten, also „Sicherheit" herzustellen.

Die systematische Vorgehensweise bei der Durchführung der Gefährdungsbeurteilung orientiert sich an den 7 Handlungsschritten: *Analyse, Beurteilung, Setzen von Zielen, Entwickeln von Lösungsalternativen, Auswahl der Lösung, Durch- und Umsetzung der Lösung und Wirkungskontrolle.*

Im Rahmen eines Ortstermins wurden die möglichen Gefährdungsfaktoren ermittelt, anschließend das Risiko beurteilt, Ziele gesetzt, Lösungsalternativen entwickelt und durch den Geschäftsführer Lösungen ausgewählt.

Für die kritischste Gefährdung **Nr. 1 „Absturz"** aus einer Höhe > 5 m liegt die Einstufung oberhalb des Grenzrisikos, was zur Risikoreduzierung dringend erforderlich Handlungsbedarf zur Folge hat. Für diese Gefährdung ist durch den Geschäftsführer die Lösungsalternative 1.4 **„mobile Geländereinrichtungen"** als Mittel der Wahl ausgewählt worden. Die Durchführung und Umsetzung aller ausgewählten Maßnahmen, die im Verantwortungsbereich des Geschäftsführers liegt, ist durch diesen und den Vorarbeitern mit Pflichtenübertragung regelmäßig zu kontrollieren und steht noch aus.

Durch den guten Ansatz zur präventiven Integration des Arbeitsschutzes in die betriebliche Organisation, die die Gefährdungsbeurteilung darstellt, konnte eine positive Einstellung der Mitarbeiter zum Arbeitsschutz eingeleitet werden. Im Ergebnis stellt die systematische Anwendung der 7 Handlungsschritte, einen gangbaren und sinnvollen Weg für die Durchführung weiterer Gefährdungsbeurteilungen dar.

Abschließend bleibt festzustellen, dass durch eine frühzeitige Einbindung aller Beteiligten eine deutliche Akzeptanz und Verbesserung des präventiven Arbeitsschutzes erreicht wird.

Kurzbericht 2
1 Ausgangssituation und Problemstellung 4
   1.1 Beschreibung des Praktikumsbetriebs 4
   1.2 Handlungsanlass für das Praktikum 4
   1.3 Problemstellung 4
   1.4 Erwarteter Nutzen für den Betrieb 5
2 Zielsetzung für das Praktikum 6
3 Vorgehensweise 6
4 Ergebnisse des Praktikums 6
   4.1 Analyse 6
   4.2 Beurteilung 11
   4.3 Setzen von Zielen 12
   4.4 Entwicklung von Lösungsalternativen 14
   4.5 Auswahl von Lösungen 17
   4.6 Durch- und Umsetzung der Maßnahmen 19
   4.7 Kontrollieren 20
5 Weiterführende Schlussfolgerungen 20
   5.1 Schlussfolgerungen für den Betrieb 20
   5.2 Schlussfolgerungen für die Fachkraft für Arbeitssicherheit 21

Anlage 1:   Grenzrisiko – Risikoverständnis nach DIN 1050
Anlage 2:   Risikomatrix nach Nohl

1 Ausgangssituation und Problemstellung

In Rahmen meiner beruflichen Tätigkeit als Bauingenieur sowohl im Innendienst, als auch im Außendienst auf Baustellen und bei Kunden, begegnet mir häufig die Situation, dass die turnusmäßige Reinigung der Fensterflächen ansteht und durch Personal eines extern beauftragten Gebäudereinigers durchgeführt wird. Hierbei ist regelmäßig festzustellen, dass insbesondere dem Arbeitsschutz bei der Ausführung der Fensterreinigung an hochgelegenen Arbeitsplätzen eine untergeordnete Bedeutung beigemessen und dieser mehr oder weniger bewusst vernachlässigt wird.

1.1 Beschreibung des Praktikumsbetriebs

Bei dem Praktikumsbetrieb handelt es sich um ein als GmbH geführtes Gebäudereinigungsunternehmen mit etwa 10 Mitarbeitern, das im Kundenauftrag Fenster- und Gebäudereinigungsarbeiten durchführt. Für den Hauptteil der Kunden werden i. d. R. 1 x je Quartal Reinigungsarbeiten an den Fenster- und Glasflächen ihrer Gebäudefassaden durchgeführt. Bei den Reinigungsobjekten handelt es sich vorwiegend um Büro- und Verwaltungsgebäude mit bis zu 5 Stockwerken.

1.2 Handlungsanlass für das Praktikum

Gemäß Arbeitsschutzgesetz (ArbSchG) ist der Geschäftsführer als Arbeitgeber verpflichtet, die für die Beschäftigten mit ihrer Arbeit verbundenen Gefährdungen zu ermitteln und Maßnahmen mit dem Ziel zu veranlassen, eine Verbesserung von Sicherheit und Gesundheitsschutz anzustreben. Die Fachkraft für Arbeitssicherheit hat gemäß Arbeitssicherheitsgesetz (ASiG) die Aufgabe, den Arbeitgeber beim Arbeitsschutz und bei der Unfallverhütung in allen Fragen der Arbeitssicherheit einschließlich der menschengerechten Gestaltung der Arbeit zu unterstützen. Somit ergibt sich insbesondere im Hinblick auf die bereits erwähnte erkennbare Vernachlässigung des Arbeitsschutzes das erforderliche Handeln der Fachkraft für Arbeitssicherheit und die Beratung des verantwortlichen Geschäftsführers.

1.3 Problemstellung

Die Ausführung der Dienstleistung „Fensterreinigung" erfolgt an zahlreichen Büro- und Verwaltungsgebäuden der Kunden, was neben dem häufigen Ortswechsel das Antreffen unterschiedlicher Arbeitsplatzsituationen mit sich bringt. Insbesondere wird der Zugang zu den zu reinigenden Fensterflächen oft durch vorgestellte Schreibtische etc. erschwert. Der Zugang zu den Außenflächen der Fenster unterschiedlicher Bauart und Größe erfolgt in der Regel über ein sich zu öffnendes Fenster (Dreh-/Kippfenster) des Fensterelementes. Das Hauptproblem, um das es hier geht, sind insbesondere die in den zahlreichen Objekten zu reinigenden Außenflächen der Fenster in den oberen Geschossen (2. bis 5. Obergeschoss), aus die sich der Gebäudereiniger i. d. R. bei der Arbeit weit herauslehnt. Die Mehrzahl der Gebäude ist dabei nicht mit Absturzsicherungen ausgestattet. Häufig kommt es auch vor, dass der Gebäudereiniger kurzzeitig mit einem Fuß auf das Außenfensterbrett heraus tritt und sich dabei lediglich mit einer Hand am Fensterrahmen fest hält. Gelegentlich tritt der Gebäudereiniger auch ganz heraus.

1.4 Erwarteter Nutzen für den Betrieb

Mit dem Praktikumsbericht erhält der Praktikumsbetrieb eine für den konkreten Fall nach den 7 Handlungsschritten durchgeführte Gefährdungsbeurteilung, die einerseits die besondere Gefahrensituation verdeutlicht und andererseits geeignete Schutzmaßnahmen darstellt. Die Durch- und Umsetzung der Schutzmaßnahme wiederum trägt für den Betrieb mit seinen operativ tätigen Mitarbeitern zur Verbesserung des Sicherheits- und Gesundheitsschutzes bei. Hierdurch reduzieren sich insbesondere die Wahrscheinlichkeit des Eintretens schwerer Arbeitsunfälle und die sonst damit u. a. einhergehenden negativen betriebswirtschaftlichen Auswirkungen.

Weiterer Nutzen für den Betrieb ist:
- Gesunderhaltung und damit Erhaltung der Leistungsfähigkeit der Mitarbeiter
- die Mitarbeiter könne mit diesem Bericht für die besonderen Gefahren bei der Ausführung ihrer Arbeiten sensibilisiert werden
- Verkaufsargument bei der Kundenakquisition durch selbstverständliche Anwendung des Arbeitsschutzes
- der Bericht dient als Hilfestellung, die Gebäudeeigentümer bzw. Verfügungsberechtigten zu überzeugen, an ihren Gebäuden sicherheitstechnische Einrichtungen nachzurüsten bzw. vorzuhalten

2 Zielsetzung für das Praktikum

Ziel ist es, bei der konkreten Arbeitssituation für die Gebäudereiniger sicheres und gesundheitsgerechtes Arbeiten, also „Sicherheit" herzustellen. Das Risiko der Gefährdung soll dabei auf ein akzeptables Restrisiko minimiert werden, so dass im Mindesten das Grenzrisiko unterschritten wird.

Weiterhin sollen neben dem Geschäftsführer die operativ tätigen Mitarbeiter auf die Verpflichtung aus dem Arbeitsschutzgesetz, für die eigene Sicherheit und Gesundheit bei der Arbeit Sorge zu tragen und ergänzend für die Anwendung des Arbeitsschutzes, sensibilisiert werden.

3 Vorgehensweise

Zur Erreichung der im Kapitel 2 „Zielsetzung für das Praktikum" genannten Ziele, orientiert sich die systematische Vorgehensweise bei der Durchführung der Gefährdungsbeurteilung, unter Berücksichtigung des Erklärungsmodells, an die 7 Handlungsschritte:

1. Analyse
2. Beurteilung
3. Setzen von Zielen
4. Entwickeln von Lösungsalternativen
5. Auswahl der Lösung
6. Durch- und Umsetzung der Lösung
7. Wirkungskontrolle   =>   weiterführende Schlussfolgerungen

Näheres hierzu ist in den Kapiteln 4.1 bis 4.7 aufgeführt.

4 Ergebnisse des Praktikums

4.1 Analyse

Mit der Analyse als ersten Schritt gemäß Handlungszyklus, erfolgt die Abgrenzung des betrachteten Arbeitssystems und die Ermittlung der möglichen Gefährdungen für die operativ tätigen Gebäudereiniger.

Das betrachtete Arbeitssystem „Fensterreinigung an hochgelegenen Arbeitsplätzen" als Teilsystem des umfangreichen Arbeitssystem „Gebäudereinigungsunternehmen", setzt sich wie folgt zusammen:

Arbeitssystem „Fensterreinigung an hochgelegenen Arbeitsplätzen[1]"	
Eingabe:	verschmutzte Fensterscheiben
Arbeitsaufgabe:	Reinigung der Fensterscheiben verschiedener Bauart und Größe
Mensch:	Gebäudereiniger
Arbeitsmittel:	Tritt, Eimer (Wasser mit Reinigungsmittel), Reinigungsschwamm, Abzieher, Trockentuch
Arbeitsplatz/-stätte:	unterschiedliche Fenster/Fassaden in wechselnden Büroräumen/ Gebäuden
Arbeitsumgebung:	durch z. B. Schreibtische zugestellte Fenster
Ausgabe:	saubere Fensterscheibe

Nachdem das Arbeitssystem abgegrenzt ist, erfolgte im Rahmen eines gemeinsamen Ortstermins mit dem Gebäudereiniger die Ermittlung möglicher Gefährdungsfaktoren. Bei der Durchführung der Reinigungsarbeiten an den Innen- und Außenflächen der Fenster wurden die Handlungen und der gewählte Arbeitsablauf des Gebäudereinigers betrachtet.

Der Arbeitsablauf stellte sich wie folgt dar:
1. Eine geringe Menge des Reinigungsmittelkonzentrats (kein Gefahrstoff) wurde in den Eimer geschüttet und dieser anschließend bis zur Hälfte mit Wasser aufgefüllt.
2. Der Gebäudereiniger betrat ausgerüstet mit Eimer, Tritt, Schwamm, Abzieher und Trockentuch den Raum.
3. Dann begrüßte der Gebäudereiniger den Büroangestellten freundlich, teilte ihm sein Anliegen mit und machte sich daran, die Fenster zu Reinigen.
4. Der Fensterreiniger stellte den Tritt auf, betrat diesen, stellte gelegentlich einen Fuß z. B. auf den in Brüstungshöhe verlaufenden Kabelkanal, begann die Innenflächen der Fenster feucht zu wischen und zog diese gleich danach mit dem Abzieher trocken, wobei das Trockentuch zum Auffangen der Wassertropfen diente (siehe **Bild 1**).
5. Vor der Reinigung der jeweils nächsten Fensterfläche wurde der Reinigungsschwamm im Wassereimer aufgefrischt.

---
[1] Absturzhöhen > 5 m

6. Nun öffnete der Gebäudereiniger das zu öffnende Fensterelement (Dreh-/Kippfenster) und reinigte die Fensterfläche wie zuvor beschrieben.
7. Jetzt hielt er sich mit einer Hand an dem starren Fensterelement fest und stieg entweder über den Schreibtisch, sofern dieser vor dem Fenster stand oder über den Tritt auf das Außenfensterbrett, reinigte die Fensterfläche ebenfalls wie zuvor beschrieben und ging über den Tritt bzw. Schreibtisch wieder in den Büroraum (siehe **Bild 2**).
8. Das Fenster wurde geschlossen und der nächste Büroraum wurde zur Durchführung der Fensterreinigung aufgesucht.

Hier wurden die Reinigungsarbeiten abgebrochen und die möglichen Gefährdungen zusammen mit dem Gebäudereiniger festgehalten bzw. analysiert (siehe **Tabelle 1**).

Bild 1

Quelle Bild 1: Autor

Bild 2

Quelle Bild 2: Autor

Tabelle 1   Übersicht der ermittelten möglichen Gefährdungen

Nr.	Gefährdungsfaktor	Gefährdung	Gefahrenquelle	Gefahrbringende Bedingung
1	Mechanisch	Absturz	Absturzhöhe (> 5 m)	fehlende Absturzsicherung
2	Mechanisch	SR-Gefahr (Stolpern, Rutschen, Stürzen)	Standfläche	glatter Kabelkanal, Schuhwerk (rutschige Sohle),
3	Arbeitsumgebungsbedingungen	Klima (Hitze, Kälte, Zugluft, Feuchtigkeit)	geöffnetes Fenster	Witterungsbedingungen wie Sonneneinstrahlung, Wind, Regen
4	Physische Belastung / Arbeitsschwere	Körperhaltung	Fensterflächen	schwer Zugänglichkeit
5	Psychische Belastung	Zeitvorgabe	Termindruck	Zeitmangel durch unvorhergesehenes und zu enge Terminvorgaben

4.2 Beurteilung

Nachdem für das betrachtete Arbeitssystem die Analyse als erster Handlungsschritt durchgeführt wurde, erfolgte die Bewertung der ermittelten Gefährdungen. Hierbei wurde zunächst geprüft, ob für die ermittelten Gefährdungen Grenzwertangaben bestehen, die ggf. eine Einstufung oberhalb des Grenzrisikos zur Folge haben und somit eine Beurteilung z. B. anhand der Risikomatrix[2] nicht zulassen.

Für die Gefährdung **Nr. 1 „Absturz"** besteht mit > 5 m Absturzhöhe eine Grenzwertangabe, die eine Einstufung oberhalb des Grenzrisikos (siehe **Anlage 1**) zur Folge hat, so dass hier Handlungsbedarf zur Risikoreduzierung dringend erforderlich ist.

Die Beurteilung der Gefährdungen **Nr. 2** bis **Nr. 5**, erfolgte anhand der Risikomatrix nach Nohl (siehe **Anlage 2**). Eine Übersicht der Ergebnisse der Risikobeurteilung ist in der **Tabelle 2** aufgeführt.

Die Beurteilung der Gefährdungen **Nr. 3 „Hitze, Kälte, Zugluft, Feuchtigkeit"** und **Nr. 4 „Körperhaltung"**, ergab in diesem Arbeitssystem ein geringes und somit akzeptables Risiko, so dass hier kein Handlungsbedarf angezeigt ist.

Die Beurteilung der Gefährdungen **Nr. 2 „SRS-Gefahr"** und **Nr. 5 „Zeitvorgabe"** ergab in diesem Arbeitssystem ein signifikantes Risiko, so dass hier Handlungsbedarf zur notwendigen Reduzierung des Risikos angezeigt ist.

---

[2] Verfahren nach Nohl

Tabelle 2   Ergebnis der Risikobeurteilung nach Nohl

Nr.	Gefährdungsfaktor, *Gefährdung*	Wahrscheinlichkeit des Wirksamwerdens der Gefährdung	Mögliche Schadensschwere	Maßzahl	Risiko	Handlungsbedarf
2	Mechanisch, *SRS-Gefahr (Stolpern, Rutschen, Stürzen)*	mittel	mittelschwer	4	signifikant	ja
3	Arbeitsumgebungsbedingungen, *Klima (Hitze, Kälte, Zugluft, Feuchtigkeit)*	gering	leicht	2	gering	nein
4	Physische Belastung / Arbeitsschwere, *Körperhaltung*	sehr gering	mittelschwer	2	gering	nein
5	Psychische Belastung, *Zeitvorgaben*	mittel	mittelschwer	4	signifikant	ja

nein : Risiko Akzeptabel, ja : Reduzierung des Risikos notwendig, ja : Reduzierung dringend erforderlich

4.3 Setzen von Zielen

Das Setzen von Zielen hat so zu erfolgen, dass unter der Berücksichtigung der Ziel- und Maßnahmenhierarchie eine größtmögliche Reichweite erfasst wird. Die Reihenfolge der Ziel- und Maßnahmenhierarchie gliedert sich dabei nach ihren Prioritäten wie folgt:
1. Gefahr vermeiden / beseitigen / reduzieren
2. Sicherheitstechnische Maßnahme
3. Organisatorische Maßnahme
4. Nutzung persönlicher Schutzausrüstung
5. Verhaltensbezogene Maßnahmen

Besondere Aufmerksamkeit bei dem Setzen von Zielen ist der Gefährdung Nr. 1 „Absturz" aufgrund des dringend erforderlichen Handlungsbedarfs zur Risikoreduzierung zu widmen, da hier beim Eintreten eines Unfallereignisses schwerste bis tödliche Verletzungen drohen. Jedoch auch die Gefährdung 2 „SRS-Gefahr" und die Gefährdung 5 „Zeitvorgabe", sind beim Setzen der Ziele zu berücksichtigen. Die gesetzten Ziele sind nachfolgend in der **Tabelle 3** aufgeführt.

Tabelle 3 gesetzte Ziele

Nr.	Gefährdung	Ziel	Termin
1	Absturz	deutliche Verringerung unterhalb des Grenzrisikos	kurzfristig, spätestens bis Ende 2007
2	SRS-Gefahr	Reduzierung auf ein akzeptables Minimum	sofort, spätestens bis Nov. 2007
5	Zeitvorgabe	ausreichend Zeit	sofort, spätestens bis Nov. 2007

4.4 Entwicklung von Lösungsalternativen

Bei der Entwicklung von Lösungsalternativen für die kritischste Gefährdung **Nr. 1 „Absturz"**, ist insbesondere der § 12, BGV C 22 „Bauarbeiten" und die BGI 659 „Gebäudereinigungsarbeiten" zu berücksichtigen. Demzufolge müssen bei Arbeiten an Fenstern mit einer Absturzhöhe von mehr als 5 m Einrichtungen, die ein Abstürzen von Personen verhindern (Absturzsicherungen) vorhanden sein. Hierbei hat der Einsatz von kollektiven (technischen) Sicherungsmaßnahmen Vorrang vor der Verwendung von persönlichen Schutzausrüstungen (Anseilschutz).

Folgende Lösungsalternativen bieten sich an:

1.1 Montage fester Geländer vor den betreffenden Fenstern der Gebäude.

Diese Lösung wäre mit den jeweiligen Kunden bzw. Gebäudeeigentümern / Verfügungsberechtigten abzustimmen und von diesen zu veranlassen. Insbesondere vor dem Hintergrund, dass sich die Optik der Fassade verändert und pro Fenster einmalige Kosten von ca. 250,00 Euro (einschl. Montage) anfallen.

1.2 Verwendung von Hubsteigern im Außenbereich.

Der Einsatz von Hubsteigern im Außenbereich setzt voraus, dass im Außenbereich das Geländeprofil, die Bodenbeschaffenheit und der mögliche Abstand zur Fassade $\leq$ 0,3 m ist und diese frühzeitig bereit stehen. Beim Umgang mit Hubsteigern sind weitere Vorschriften zu beachten, die eine Umsetzung zusätzlicher Maßnahmen erfordern. Bei einem Einsatz von Hubsteigern fallen pro Einsatz Mietkosten von ca. 475,00 Euro (einschl. An und Abtransport) an.

1.3 Verwendung von Teleskopstangen

Die Verwendung von Teleskopstangen (siehe Bild 3) setzt ebenfalls voraus, dass im Außenbereich eine ausreichende Zugänglichkeit und Bodenbeschaffenheit vorhanden ist. Durch die Verwendung von Teleskopstangen ist die Gefahrenquelle „Absturz" beseitigt. Es können jedoch neue zu berücksichtigende Gefährdungen auftreten (z. B. physische Belastungen oder mechanische Gefährdungen durch Straßenverkehr. Für die Anschaffung der Teleskopstangen fallen je nach Größe und Ausstattung einmalige Anschaffungskosten von ca. 3.00,00 bis 2.800,00 Euro (einschl. Unterhaltung) an.

Bild 3

Bild 3a (Detail)

Quelle Bild 3 und 3a: Autor

1.4 Verwendung von mobilen Geländereinrichtungen

Mobile Geländereinrichtungen (siehe Bild 4) sind i. d. R. variabel und lassen sich an jede Fensteröffnungsgröße anpassen. Je nach Typ/Hersteller, sind ggf. vorbereitende Anpassungsarbeiten (Setzen von Löchern für die Sicherungsbolzen) an den Fensterrahmen erforderlich. Für den Einsatz mobiler Geländereinrichtungen an allen gängigen Fenstergrößen müssen bis zu 4 verschiedene Geländergrößen angeschafft werden. Pro Mobilgeländer liegen die Kosten ca. zwischen 500,00 bis 650,00 Euro.

1.5 Verwendung von Auffangeinrichtungen (Gerüste / Netze)

Eine Verwendung von Auffangeinrichtungen wir Gerüste / Netze setzt eine rechtzeitige Aufstellung / Montage voraus. Der Aufwand für den Auf- und Abbau der Gerüste / Netze ist für die kurzzeitige Nutzung hoch und kostenintensiv sowie objektabhängig.

1.6 Verwendung von PSA gegen Absturz (Anseilschutz)

Bei der Verwendung von Persönlicher Schutzausrüstung gegen Absturz (PSA), müssen geeignete Anschlagpunkte vorhanden sein oder nachträglich gesetzt werden. Der Vorgesetzte hat die Anschlageinrichtungen festzulegen. Diese müssen bei einem Benutzer eine Stoßkraft (Auffangkraft) von 7,5 kN aufnehmen können.

Alternativ können bei massiven Innenwänden als Anschlagpunkt auch mobile Türzargensicherungen (siehe Bild 5) verwendet werden. Diese sind bei Türzargen in Leichtbauwänden jedoch nicht zugelassen. Pro Türzargensicherung liegen die Kosten bei ca. 250,00 Euro.

Bild 4   **Bild 5**

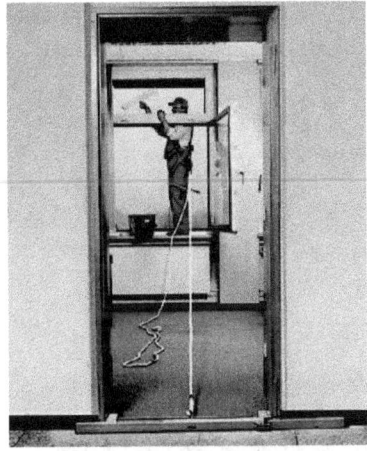

Quelle Bild 4: gelbe Mappe, Baustein C 100   Quelle Bild 5: www.saw-arbeitsschutz.de

Bei der Entwicklung von Lösungsalternativen für die Gefährdung **Nr. 2 „SRS-Gefahr"**, bieten sich folgende Lösungsalternativen an:

2.1 Für das Betreten der Fensterbänke Verwendung von geeigneten Trittaufsätzen, die sicheren Halt geben (rutschfest).

2.2 Aufstellung von detaillierten Arbeitsanweisungen, die es den Mitarbeitern ausdrücklich untersagen, nicht feste Untergründe, wie z. B. im Brüstungsbereich verlaufende Kabelkanäle, zu betreten.

2.3 Benutzung von festem Schuhwerk (Sicherheitsschuhe S3) mit rutschfester Sohle und frühzeitige Erneuerung bzw. Austausch.

2.4 Durchführung verhaltensbezogener Schulungen und Unterweisungen der Mitarbeiter zur Förderung eines sicherheits- und gesundheitsbewussten Verhaltens.

Bei der Entwicklung von Lösungsalternativen für die Gefährdung **Nr. 5 „Zeitvorgabe"** bieten sich folgende Lösungsalternativen an:

Ausreichend Pufferzeit zwischen den Kundenterminen berücksichtigen, die ein sicheres Arbeiten ohne Zeitdruck ermöglichen.

Entlohnung der Mitarbeiter nach Arbeitszeit und nicht nach Anzahl der gereinigten Fensterfläche.

4.5 Auswahl von Lösungen

Zur Auswahl der Lösungen wurden dem Unternehmer bzw. Geschäftsführer des Reinigungsunternehmens, die durch den Praktikanten mit Unterstützung der Mitarbeiter erarbeiteten Lösungsalternativen vorgelegt. Vor der Auswahl der Lösungen hat sich der Geschäftsführer durch den Praktikanten und den Arbeitsmediziner beraten lassen.

Für die Gefährdung **Nr. 1 „Absturz"** kam die Lösungsauswahl des Unternehmers zu folgendem Ergebnis:

- Die Montage fester Geländer (Lösungsalternative 1.1) liegt nicht im Einflussbereich des Unternehmers und kommt daher nicht zum Tragen.
- Eine Verwendung von Hubsteigern (Lösungsalternative 1.2) ist nur bei den wenigsten Objekten möglich und die Mietkosten können nicht auf den Kunden umgelegt werden. Daher kommt auch diese Lösungsalternative nicht zum Tragen.
- Die Verwendung von Teleskopstangen (Lösungsalternative 1.3) soll bei geeigneten neuen Projekten zum Einsatz kommen. Hierzu ist beabsichtigt, bis zum 1. Quartal 2008 den Einsatz von Teleskopstangen zu testen. Die Entscheidung des weiteren Einsatzes ist vom Testergebnis abhängig und wird vom Geschäftsführer getroffen.
- Die Verwendung von mobilen Geländereinrichtungen (Lösungsalternative 1.4) soll für die bestehenden Objekte bis spätestens Ende 2007 zum Einsatz kommen.
- Die Verwendung von Auffangeinrichtungen (Gerüste / Netze (Lösungsalternative 1.5)) ist für die beabsichtigte Verwendung zu aufwändig und kostenintensiv und kommt daher nicht zum Einsatz.
- PSA gegen Absturz (Anseilschutz (Lösungsalternative 1.6)) wurde in der Vergangenheit bereits verwendet. Es kam jedoch immer wieder vor, dass am Objekt keine geeigneten Anschlagpunkte vorhanden sind oder die Gebäudereiniger die Benutzung vernachlässigten. Daher soll PSA gegen Absturz soweit möglich nicht mehr zum Einsatz kommen und nur noch für Ausnahmefälle vorgehalten werden.

Somit stellt sich für die Gefährdung 1 „ **Absturz**", die Lösungsalternative 1.4 „**mobile Geländereinrichtungen**" als durch den Geschäftsführer ausgewähltes und geeignetes Mittel der Wahl heraus.

Für die Gefährdung **Nr. 2 „SRS-Gefahr"**, kam die Lösungsauswahl des Unternehmers zu folgendem Ergebnis:
- Die Verwendung von Rutschfesten Trittaufsätzen (Lösungsalternative 2.1) erhöht die Standsicherheit und soll daher soweit erforderlich und möglich (objektbezogen) zur Anwendung kommen.
- Das Aufstellen von zu detaillierten Arbeitsanweisungen (Lösungsansatz 2.2) könnten die Mitarbeiter als Bevormundung verstehen, so dass sich dies negativ auf Zufriedenheit der Mitarbeiter auswirken könnte. Daher soll dieser Lösungsansatz nur unter Berücksichtigung des Grundsatzes „so kurz wie möglich, so detailliert wie nötig" zur Anwendung kommen.

- Benutzung von festem Schuhwerk (Sicherheitsschuhe S3 (Lösungsansatz 2.3)) wird bereits angewendet. Lediglich in vierteljährlichen Abständen sollen die Sohlen ergänzend auf ihre Rutschsicherheit hin überprüft und bei Bedarf erneuert werden.
- Die Durchführung von Schulungs- und Unterweisungsmaßnahmen (Lösungsansatz 2.4) sollte zur Förderung des sicherheits- und gesundheitsbewussten Verhaltens in vierteljährlichen Abständen durchgeführt werden.

Somit stellen sich für die Gefährdung 2 „ **SRS-Gefahr**", die Lösungsalternative 2.1 „**rutschfeste Trittaufsätze**", 2.4 „**Schulungs- und Unterweisungsmaßnahmen**" in abgewandelter Ergänzung des Lösungsansatzes 2.3 „**regelmäßige Kontrolle rutschfester Sicherheitsschuhe**" als durch den Geschäftsführer ausgewählte und geeignete Mittel der Wahl heraus.

Für die Gefährdung **Nr. 5** „**Zeitvorgabe**" kam die Lösungsauswahl des Unternehmers zu folgendem Ergebnis:
- Damit die Arbeiten ohne großen Zeitdruck sicher und gesundheitsgerecht durchgeführt werden können, sollen zwischen den einzelnen Kundenterminen ausreichend Pufferzeiten (Lösungsansatz 5.1) berücksichtigt werden. Bei Leerlauf soll die Zeit für kurze Sicherheitsgespräche und der Pflege des Handwerkzeugs genutzt werden.
- Eine Veränderung des Entlohnungssystems (Lösungsansatz 5.2) soll derzeit nicht durchgeführt werden.

Somit stellt sich für die Gefährdung 5 „ **Zeitvorgabe**", die Lösungsalternative 5.1 „**ausreichend Pufferzeit**" als durch den Geschäftsführer ausgewähltes und geeignetes Mittel der Wahl heraus.

4.6 Durch- und Umsetzung der Maßnahmen

Als Leiter des Unternehmens ist der Geschäftsführer für die Durch- und Umsetzung der ausgewählten Lösungsmaßnahmen verantwortlich. Um eine möglichst hohe Wirksamkeit der Maßnahmen zu erreichen, wurden die Mitarbeiter durch den Geschäftsführer über bevorstehende Umsetzung der ausgewählten Maßnahmen informiert und aufgefordert, sich aktiv an der Verbesserung des Sicherheits- und Gesundheitsschutzes zu beteiligen. Die Mitarbeiter nahmen dies positiv entgegen und sicherten ihrerseits eine aktive Beteiligung zu.
Die Umsetzung der ausgewählten Maßnahmen erfolgt in den oben angegebenen Zeiträumen. Der Geschäftsführer behält sich jedoch aus wirtschaftlichen Gründen das Recht vor,

insbesondere bei den kostenintensiveren Anschaffungen, die gesetzten Termine bis Mitte 2008 zu verschieben.

4.7 Kontrollieren

Die Kontrolle der Einhaltung der umgesetzten Maßnahmen liegt ebenfalls im Verantwortungsbereich des Unternehmers. Daher werden durch den Geschäftsführer monatliche Kontrollen durchgeführt und protokolliert.
Zusätzlich wurden den Vorarbeitern im Hinblick auf den Sicherheits- und Gesundheitsschutz für ihren Verantwortungsbereich die Pflichten übertragen und schriftlich dokumentiert.
Die Vorarbeiter werden somit ebenfalls regelmäßige Kontrollen durchführen und diese in den Einsatztagebüchern kurz dokumentieren. Hierbei soll insbesondere positives Verhalten der Mitarbeiter lobend erwähnt werden.

5 Weiterführende Schlussfolgerungen

5.1 Schlussfolgerungen für den Betrieb

Die Durchführung der Gefährdungsbeurteilung des Arbeitssystems **„Fensterreinigung an hochgelegenen Arbeitsplätzen"** stellt einen guten Ansatz zur präventiven Integration des Arbeitsschutzes in die betriebliche Organisation dar. Für die weiteren Arbeitssysteme wie z. B. die **Verwendung der Teleskopreinigungsstange** (siehe ausgewählte Lösungsalternative 1.3), sollen zukünftig weitere Gefährdungsbeurteilungen durchgeführt werden.
Ergänzend hierzu ist beabsichtigt, die Anwendung des Arbeitsschutzes und die damit einhergehende erforderliche Organisation anhand eines kleinen auf die Unternehmensbedürfnisse angepassten Managementsystems zu lenken.
Weiterhin sollen in Zukunft die Mitarbeiter stärker in die Entwicklung und Umsetzung eines gesunden Arbeitsschutzes eingebunden werden.
Die positive Einstellung der Mitarbeiter zum Arbeitsschutz fördert ebenfalls einen guten Umgang untereinander, was sich positiv auf das Verhalten beim Kunden vor Ort auswirkt.

5.2 Schlussfolgerungen für die Fachkraft für Arbeitssicherheit

Durch die Abgrenzung des Arbeitssystems und die an die 7 Handlungsschritte orientierte systematische Vorgehensweise bei der Durchführung der Gefährdungsbeurteilung ist für die weiteren erforderlichen Gefährdungsbeurteilungen ein gangbarer und sinnvoller Weg aufgezeigt. Erfreulich und zukunftsorientiert ist auch die äußerst gute Möglichkeit der Einbindung der Geschäftsleitung und Mitarbeiter und deren arbeitsschutzorientierte Entwicklung.

Die Erfahrung mit dem Praktikumsbericht zeigt, dass durch eine frühzeitige Beteiligung der Fachkraft für Arbeitssicherheit und weitere Beteiligte gute Ergebnisse erreicht werden können und dadurch eine Verbesserung des präventiven Arbeitsschutzes erreicht wird.

Als weiterer Schritt bietet sich die Entwicklung von Schulungsmaßnahmen an, die die arbeitsschutzfachlichen Kompetenzen der Mitarbeiter erhöhen, so dass sich nach und nach eine gesteigerte Einstellung zum Arbeitsschutz entwickelt.

Abschließend ist noch anzumerken, dass eine Kopie dieses Berichtes bzw. dieser Gefährdungsbeurteilung bei zukünftigen Situationen, wie im Kapitel 1 „Ausgangssituation und Problemstellung" beschrieben, dem Gebäudereiniger und dessen Vorgesetzten (insbes. Unternehmer) ausgehändigt werden kann, so dass auch hier der Weg in Richtung „Verbesserung von Sicherheit und Gesundheitsschutz" eingeleitet wird.

Schriftliche Versicherung

Hiermit versichere ich, dass dieser Praktikumsbericht von mir selbst und ohne andere als die angegebenen Quellen verfasst wurde.

Stadt, im Oktober 2007

Holger von Stuckrad

Literatur, Vorschriften und sonstige Quellen

Arbeitsschutzgesetz (ArbSchG)
Arbeitssicherheitsgesetz (ASiG)
Baustellenverordnung (BaustellV)
BGV A 1 „Grundsätze der Prävention"
BGV C 22 „Bauarbeiten"
BGI 659 „Gebäudereinigungsarbeiten"
Leitfaden für die Gefährdungsbeurteilung, 8. Überarb. Auflage 2006, Verlag VTI Bochum
TRBS 2121 „Gefährdung von Personen durch Absturz - Allgemeine Anforderungen"
CD-Rom „BG Bau 2007"
CD-Rom „Ausbildung zur Fachkraft für Arbeitssicherheit, Selbstlernphase II"
CD-Rom „Ausbildung zur Fachkraft für Arbeitssicherheit, Selbstlernphase III"
S 42 „Ratgeber zur Ermittlung gefährdungsbezogener Arbeitsschutzmaßnahmen im Betrieb"
TP-10GB (BGW) „Gefährdungsbeurteilung in der Verwaltung"
GUV-I 659
BG Bau 2007 „Die Info CD der BG Bau"
Infomaterial der Berufsgenossenschaften
http://www.fensterabsturzsicherung.de
http://www.saw-arbeitsschutz.de
http://www.umweltschutz-bw.de
https://www.bgw-online.de
http://www.baua.de
http://www.hvbg.de

Anlage 1 „GRENZRISIKO – Risikoverständnis nach DIN 1050"

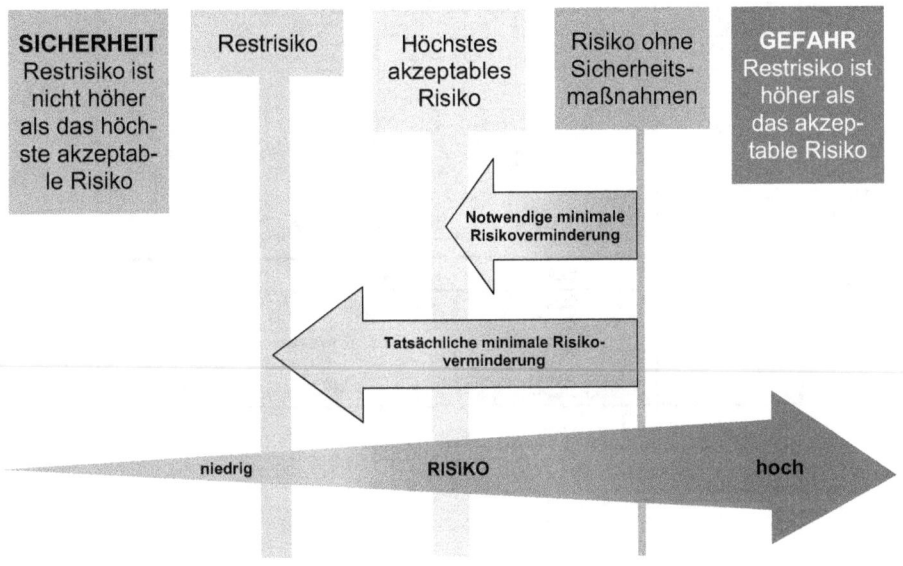

Anlage 2 „Risikomatrix nach Nohl"**

Wahrscheinlichkeit des Wirksamwerdens der Gefahr	mögliche Schadensschwere			
	leichte Verletzung oder Erkrankung	mittelschwere Verletzung oder Erkrankung	schwere Verletzung oder Erkrankung	möglicher Tod oder Katastrophe
sehr gering	1	2	3	4
gering	2	3	4	5
mittel	3	4	5	6
hoch	4	5	6	7

Maßzahl	Risiko	Beschreibung
1 - 2	gering	Risiko akzeptabel
3 - 4	signifikant	Reduzierung des Risikos notwendig
5 - 7	hoch	Reduzierung des Risikos dringend erforderlich

*Dipl. Ing. J. Nohl, Entwurf eines Verfahrens für die Durchführung von Sicherheitsanalysen; in: Moderne Unfallverhütung, Heft 2, Jahrgang 1988

Praktikumsbericht

Thema:

Gestaltung eines Arbeitssystems im Bereich Schwimmbadtechnik

Verfasser:
Ingo M. Leipelt
Strasse 99
12345 Stadt

Praktikumsbetrieb:
Kommunales Freibad

Ausbildungsträger:
TFH Georg Agricola, Bochum
Studiengang Betriebssicherheitsmanagement

Erstellungszeitraum:
16.07.2007 bis 31.08.2007

Abgabedatum:
06.09.2007

Kurzbericht

Das in 1952 eröffnete Freibad einer Kommune wurde von 2005 bis 2007 renoviert. Nach der Wiedereröffnung, die am 1. Juni 2007 erfolgte, bittet der Schwimmmeister, um eine Überprüfung der Arbeitsbedingungen insbesondere der Tätigkeiten, die bei der Beschickung des Filters zur Schwimmbeckenwasseraufbereitung anfallen. Beklagt werden die Verhältnisse bei Anlieferung und Verbringung des Filtermaterials und bei dessen Erneuerung am Filterbecken. Des Weiteren sei unklar ob und welche Gefahren vom Filtermaterial ausgehen.

Nach Abgrenzung des Arbeitssystems „Beschickung des Filters zur Schwimmbeckenwasseraufbereitung" wird eine arbeitsablauforientierte Gefährdungsanalyse durchgeführt. Die gewonnenen Informationen dienen zur Definition des Ist-Zustandes.

Bei der Analyse treten drei Gefährdungspotentiale deutlich heraus. Ein erhöhtes Risiko von Sturz- oder Rutschunfällen, eine nicht akzeptable Belastung des Bewegungsapparates und ein deutliches Gesundheitsrisiko durch das verwendete Filtermaterial.

Im nächsten Schritt werden die Arbeitsschutzziele mit Hilfe eines zu erreichenden Soll-Zustandes definiert. Das Risiko von Sturz- und Rutschunfällen muss durch eine entsprechende Gestaltung der Arbeitsumgebung auf ein akzeptables Minimum reduziert werden, die Belastung des Bewegungsapparates ist auf ein Optimum zu senken, vom verwendeten Filtermaterial darf keine Gesundheitsgefährdung ausgehen.

Bei der Lösungssuche wurden alle involvierten Gruppen beteiligt. Mit Hilfe eines „Brainstormings" wurden Lösungsmöglichkeiten gefunden. Diese wurden anschließend mit der Schnellplanmethode bewertet.

Es musste zwischen kurzfristigen (Umsetzung bis zum 15.08.2007) und langfristigen Maßnahmen (Umsetzung bis 01.06.2008) unterschieden werden.

Kurzfristige Maßnahmen betreffen die Schulung und Unterweisung von Mitarbeitern, die Bereitstellung einfacher Transportmittel und persönlicher Schutzausrüstung und betriebsärztliche Untersuchungen

Eine wesentliche Reduktion des Gefährdungspotentials ist nur durch die Verwendung eines anderen geeigneten Filtermaterials, durch die Installation einer mechanischen Hebehilfe und durch Verlegung eines rutschhemmenden Bodens erzielbar (langfristige Maßnahmen).

Aus den Erfahrungen des Praktikums geht hervor, dass der Arbeitsschutzgedanke noch viel mehr in den Köpfen der Entscheidungsträger verankert werden muss, so dass Maßnahmen des Arbeits- und Gesundheitsschutzes schon bei der Planung von Arbeitssystemen berücksichtigt werden.

Inhaltsverzeichnis

Kapitel	Seite
1. Ausgangssituation und Aufgabe der Sicherheitsfachkraft	1
1.1 Darstellung des Praktikumsbetriebes	1
1.2 Handlungsanlass für die Sicherheitsfachkraft	1
1.3 Problemstellung	2
1.4 Nutzen für den Betrieb	2
2. Zielsetzung	2
3. Vorgehensweise	3
4. Analyse des Ist-Zustandes	3
4.1 Darstellung des Arbeitssystems „Beschickung des Filters zur Schwimmbeckenwasseraufbereitung"	3
4.2 Arbeitsablauforientierte Gefährdungsanalyse	4
4.3 Zusammenfassung des Ist-Zustandes	5
5. Beurteilung der Risiken	5
6. Definition eines optimalen Soll-Zustandes	5
7. Entwicklung möglicher Lösungsstrategien	6
8. Auswahl der bestmöglichen Lösung	6
9. Umsetzung der Maßnahmen	8
9.1 Unterweisung der Mitarbeiter	8
9.2 Persönliche Schutzausrüstung	8
9.3 Transport der 25kg Säcke	8
9.4 Richtiges Heben und Tragen	8
9.5 Betriebsärztliche Untersuchungen	9

Inhaltsverzeichnis

Kapitel	Seite
10. Wirkungskontrolle	9
10.1 Unterweisung der Mitarbeiter	9
10.2 Persönliche Schutzausrüstung	9
10.3 Transport der 25kg Säcke	10
10.4 Richtiges Heben und Tragen	10
10.5 Betriebsärztliche Untersuchungen	10
10.6 Zusammenfassung	10
11. Schlussfolgerungen für den Betrieb	10
12 Schlussfolgerungen für die Sicherheitsfachkraft	11
Literaturverzeichnis	i
Erklärung	ii
Anhang	iii

1. Ausgangssituation und daraus resultierende Aufgabe der Sicherheitsfachkraft

1.1 Darstellung des Praktikumsbetriebes

Das Freibad einer Kommune wurde erstmalig 1952 eröffnet und von 2005 bis 2007 renoviert. Die Freigabe für den Publikumsverkehr erfolgte zum 1. Juni 2007.
Das Schwimmbad besteht aus einem Kleinkinder-, einem Schwimmer- und einem Nichtschwimmerbecken. Zum Schwimmbad zählen auch ein Hauptgebäude über das die Anlage zugänglich ist sowie mehrere auf dem Gelände befindliche Nebengebäude. Im Hauptgebäude befinden sich der Kassenraum, die Umkleideräume, Duschen und Toiletten, ein Ruheraum, der Sanitätsraum sowie die Schwimmbadtechnik (im Keller). Neben dem Hauptgebäude existieren noch Gebäude für Außentoiletten, Gebäude in denen die erforderlichen Sanitär- und Sozialräume für das Personal untergebracht sind, sowie Gebäude für die Unterbringung der notwendigen Gerätschaften und ein kleines Gebäude für das Schwimmmeisterbüro.
Für den laufenden Betrieb sind 15 feste Mitarbeiter und 10 saisonale Aushilfen zuständig. Für die Leitung ist ein ausgebildeter Schwimmmeister verantwortlich. Er wird durch einen Gehilfen und einen Auszubildenden unterstützt. Weitere Aufgaben des Schwimmmeisters sind Führung des Personals und die Überwachung des ordnungsgemäßen Badebetriebablaufes. Zum Aufgabenbereich gehören auch die Schwimmbeckenwasseraufbereitung und –desinfektion sowie die Überwachung der Bad-und Sanitäranlagenhygiene.

1.2 Handlungsanlass für die Sicherheitsfachkraft

Um die hohen Anforderungen an die Wasserhygiene zu garantieren wird eine Verfahrenskombination von Adsorption-Flockung-Filtration und Chlorung angewandt. Die hierzu notwendige Technik ist im Kellergeschoss des Hauptgebäudes untergebracht. Es wird ein offenes Filtrationssystem verwendet. Das erforderliche Filtermaterial (Celite 545®) wird in Säcken angeliefert.
Diese Lieferung besteht aus 100 Sack à 25kg. Eine Lieferung erfolgt 1x zu Beginn der Freibadsaison (Mai oder Juni). Diese Säcke müssen vom Schwimmmeister und seinem Gehilfen über 20 Stufen in den Lagerraum, welcher sich im Keller befindet, hinuntergetragen werden. Ferner ist bei einem Wechsel des Filtermaterials (ca. alle 1-2 Tage, je nach Verschmutzungsgrad) ein Sack zum offenen Filter zu tragen, in das Filterbecken hinabzulassen (von Hand) und unter Wasser zu öffnen. Der Schwimmmeister wendet sich an die Sicherheitsfachkraft mit der Bitte zu beurteilen, ob dieses Verfahren zulässig sei.

Ferner sei das Filtermaterial als Gefahrstoff gekennzeichnet, er komme mit dem Sicherheitsdatenblatt nicht zurecht und bittet gleichzeitig zu überprüfen ob und welche Gefährdungen von diesem Material ausgehen und ob Schutzmaßnahmen erforderlich sind.

1.3 Problemstellung

Bei der Betrachtung des Arbeitssystems „Beschickung des Filters zur Schwimmbeckenwasseraufbereitung" ergeben sich mehrere arbeitsschutzrelevante Fragestellungen und Aufgaben.

Zu betrachten ist zunächst der eigentliche Arbeitsablauf. Welche Hebe- und Tragebelastung ist bei der Anlieferung und Verbringung des Filtermaterials zu bewältigen? Wie sehen die räumlichen Verhältnisse aus? Aus welchen Tätigkeitsschritten besteht der Wechsel des Filtermaterials genau?

Ferner ist eine genaue Überprüfung des verwendeten Filtermaterials erforderlich. Woraus besteht das Filtermaterial? Sind Gesundheitsgefährdungen zu erwarten? Welche Schutzmaßnahmen sind erforderlich?

1.4 Nutzen für den Betrieb

Die Erkenntnisse über arbeitsschutzrelevante Erfordernisse müssen in die Gestaltung des Arbeitssystems einfließen. Gesundheitsgefahren für Mitarbeiter sind im Sinne eine präventiven Arbeitsschutzes zu beseitigen oder zu minimieren. Dies verhindert Ausfallzeiten durch Unfälle oder Krankheiten. Ferner steigert es die Motivation der Mitarbeiter, wenn sie erfahren dass Ihre Beschwerden ernst genommen werden und auf gesundheitliche Belange Rücksicht genommen wird.

2. Zielsetzung

Ausgangspunkt der Arbeit sind die geschilderten Fragen des Schwimmmeisters.
Zunächst ist durch eine Vor-Ort-Begehung und durch eine Befragung der betroffenen Mitarbeiter der Ist-Zustand darzustellen. Unter Berücksichtigung der arbeitsschutzrelevanten Vorschriften und Normen ist das tatsächliche Gefährdungspotential zu klären. Danach muss der erforderliche Soll-Zustand definiert werden. Zum erreichen dieses Soll-Zustandes werden mögliche Maßnahmen entwickelt und bewertet.

Ziele des Praktikums sind:

Erstellen einer Gefährdungsanalyse für das Arbeitssystem „Beschickung des Filters zur Schwimmbeckenwasseraufbereitung".

Erarbeitung von Maßnahmen zur Gewährleistung eines Optimums an Arbeits- und Gesundheitsschutz für die betroffenen Mitarbeiter.

3. Vorgehensweise

Die Vorgehensweise orientiert sich an dem Handlungskreislauf der Fachkraft für Arbeitssicherheit zur Gestaltung sicherer und gesundheitsgerechter Arbeitssysteme (s. Anlage).

Zunächst wird das zu betrachtende Arbeitssystem „Beschickung des Filters zur Schwimmbeckenwasseraufbereitung" definiert. Anhand von Begehungen und deren Protokollierungen und von Gesprächen mit den betroffenen Mitarbeitern wird eine ablauforientierte Gefährdungsanalyse erstellt und ein umfassendes Bild des Ist-Zustandes ermittelt. Dabei werden die gültigen Vorschriften und Normen zugrunde gelegt.

Bei den ermittelten Gefährdungen wird das Risiko mit Hilfe einer Risikomatrix ermittelt und daraus der Handlungsbedarf abgeleitet. Zur Ermittlung vom Eintrittswahrscheinlichkeiten werden Unfallberichte und Statistiken der Sozialversicherungsträger herangezogen.

Die Senkung der ermittelten Risiken unter die entsprechenden Grenzrisiken ist die Voraussetzung für ein sicheres und gesundheitsgerechtes Arbeitssystem. Auf dieser Grundlage werden die notwendigen Ziele zur Verbesserung des betrachteten Arbeitsytems abgeleitet und der Sollzustand definiert. Die abgeleiteten Maßnahmen werden so gewählt, dass deren Effizienz (=Maß für die Zielerreichung) und Effektivität(=Maß für das Kosten/Nutzenverhältnis) gemessen werden kann. Es wird ein Zeitrahmen zur Umsetzung vorgegeben. Bei der Entwicklung von Lösungsalternativen werden die am Arbeitsschutz beteiligten Personen und Gruppen (Bereichsleitung, Personalrat) und die betroffenen Mitarbeiter miteinbezogen. Vor- und Nachteile der Lösungen werden aufbereitet und auf einer Sitzung dem zuständigen Gremium präsentiert.

Bei der Lösungsauswahl wurde die Schnellplanmethode (s. Anlage) berücksichtigt. Der Zeitrahmen zur Umsetzung einiger Lösungen geht über den Praktikumszeitrahmen hinaus, jedoch werden konkrete Daten bis zur Realisierung dieser Maßnahmen vorgegeben.

4. Analyse des ist Zustandes

4.1 Darstellung des Arbeitssystems „Beschickung des Filters zur Schwimmbecken-wasseraufbereitung"

Das betrachtete Arbeitssystem ist ein Subsystem des Arbeitssystems „Schwimmbeckenwasseraufbereitung und –desinfektion". Im Mittelpunkt steht der Schwimmmeister mit seiner speziellen Ausbildung, er ist für den ordnungsgemäßen Betrieb verantwortlich, unterstützt wird er durch einen Gehilfen (keine spezifische Ausbildung aber entsprechende Unterweisungen) und einen Auszubildenden. Die Arbeitsaufgabe besteht darin zunächst das angelieferte Filtermaterial (Celite 545 ®) in den Lagerraum zu transportieren. Ist eine Erneuerung des Filtermaterials erforderlich, so ist das Material zum offenen Filter zu befördern. Der Sack mit dem Filtermaterial ist dann in das Filtrationsbecken hinabzulassen und unter Wasser zu öffnen. Eine exakte Beschreibung aller Elemente des Arbeitssystems befindet sich im Anhang.

4.2 Arbeitsablauforientierte Gefährdungsanalyse

Der oben geschilderte Arbeitsablauf wird in die beiden Teilabläufe a) Verbringen des erforderlichen Filtermaterials und b) Erneuerung des Filtermaterials untergliedert, das sich diese hinsichtlich ihrer Tätigkeitsmerkmale unterscheiden. Bei der Analyse der Gefährdungen wurde sich an der Klassifikation der Gefährdungsfaktoren des Arbeitsschutzgesetzes orientiert.

Bei der Verbringung des Filtermaterials müssen 100 Sack zu je 25 kg vom Ort der Anlieferung in den Lagerraum im Keller transportiert werden. Diese Aufgabe muss maximal 2 Personen bewältigt werden. Die Säcke müssen eine unübersichtliche Steintreppe (25 Stufen, bogenförmiger Verlauf) hinuntergetragen werden. Hierbei bestehen erhöhte Gefährdungen durch eine Kombination aus statischer und dynamischer Arbeit sowie durch Sturz, Ausrutschen, Stolpern bzw. umknicken.

Bei der Erneuerung des Filtermaterials wird ein Sack zum offenen Filtrationsbecken getragen. Das Filtrationsbecken ist 1,5 m tief, zum Einbringen des Filtermaterials existiert ein 1m hoher Podest aus Beton. Der gefüllte Sack wird vom Podest aus in das Filtrationsbecken eingebracht und unter Wasser geöffnet. Eine sichtbare Staubentwicklung ist dabei nicht zu beobachten. Bei dieser Tätigkeit existieren Gefährdungen durch eine Kombination aus statischer und dynamischer Arbeit sowie durch Sturz, Ausrutschen, Stolpern bzw. umknicken.

Das verwendete Filtermaterial hat die Bezeichnung Celite 545 ® es besteht hauptsächlich aus Kieselgur, hat aber Beimengungen unbekannten Grades aus Quarz und Cristobalit. Es ist eine weißliche pulverförmige Substanz, die aus den Siliziumdioxidschalen fossiler Kieselalgen besteht.

Eine akute Toxizität besteht nicht. Es können aber bei entsprechender Exposition Reizungen des Auges oder der Mund- bzw. Rachenschleimhäute auftreten.

Je nach eingeatmeter Menge kann es zur Ausbildung einer akuten Silikoseerkrankung kommen.

Kontakt mit der Haut bewirkt Irritationen in Form von Hauttrockenheit und Abrasionen.

Bei chronischer Exposition kann es Staublungenerkrankungen (Pneumokoniosen) oder sogar bösartigen Erkrankungen der Atemwege (Lungen- oder Bronchialkrebs) kommen. Mit Bezug zu den klassischen Gefährdungsfaktoren besteht hier eine Gefährdung durch einen staubförmigen Gefahrstoff.

Die Befragung der Mitarbeiter ergibt, dass bislang weder Unterweisungen zum richtigen Umgang mit dem eingesetzten Gefahrstoff noch Schulungen zum rückengerechten Heben und Tragen von Lasten erfolgt sind. So dass hier eine Gefährdung durch organisatorische Defizite gegeben ist.

4.3 Zusammenfassung des Ist-Zustandes

Bei den betrachteten Tätigkeiten existieren, so wie diese zurzeit ausgeführt werden, erhebliche Gesundheitsrisiken für die Mitarbeiter.

Zum einen existiert beim Transport des Materials eine wesentliche Unfallgefahr durch Sturz bzw. Ausrutschen oder Stolpern, zum anderen ist die Gesundheit des Bewegungsapparates durch die Kombination aus statischer und dynamischer Arbeit beträchtlich gefährdet.

Das eingesetzte Filtermaterial selbst ist ein Gefahrstoff mit akuten und chronischen (krebserzeugenden) Gesundheitsgefährdungen.

Durch mangelnde Unterweisungen bzw. Schulungen der Mitarbeiter zum gesundheitsgerechten Arbeiten ergibt sich ein zusätzliches Gefährdungspotential.

5. Beurteilung der Risiken

Die ermittelten Risiken sind nicht akzeptabel. So wie die Tätigkeiten mit Bezug zum betrachteten Arbeitssystem „Beschickung des Filters zur Schwimmbeckenwasseraufbereitung" ausgeführt werden müssen ist es nur eine Frage Zeit, wann das erste Unfallereignis oder die erste arbeitsbedingte Erkrankung auftritt. Handlungsbedarf ergibt sich außerdem aufgrund der gesetzlichen und unfallversicherungsrechtlichen Vorschriften. Die Fragen und die den Fragen zugrunde liegenden Besorgnisse des Schwimmmeisters sind berechtigt. Es besteht Handlungsbedarf.

6. Definition eines optimalen Soll-Zustandes

Um die betrachteten Arbeitsabläufe, die für die „Beschickung des Filters zur Schwimmbeckenwasseraufbereitung" so sicher und gesundheitsverträglich wie möglich zu gestalten werden folgende Ziele definiert:

- o Der Transport des angelieferten Materials in den Lagerraum, muss so gestaltet werden, dass die Belastung des Bewegungsapparates der beteiligten Mitarbeiter so gering wie möglich ist. Das gleiche gilt für die Hebe- und Tragevorgänge bei der Erneuerung des Filtermaterials.
- o Vom eingesetzten Filtermaterial darf keine Gefährdung der Gesundheit der der Mitarbeiter, die damit umgehen müssen ausgehen.

- Die betroffenen Mitarbeiter müssen sowohl im richtigen Umgang mit dem eingesetzten Filtermittel als auch zum Thema rückengerechtes Arbeiten unterwiesen bzw. geschult werden.

7. Entwicklung möglicher Lösungsstrategien

Das Ergebnis der Gefährdungsbeurteilung und die daraus abgeleiteten Arbeitsschutzziele wurden auf einer Sitzung der Bereichsleitung, der Personalvertretung und den betroffenen Mitarbeitern präsentiert. Lösungsvorschläge wurden in Form eines „Brain Storming" gesammelt, wobei insbesondere die Vorschläge der Mitarbeiter berücksichtigt wurden. Zu beachten war außerdem, dass gesetzliche und unfallversicherungsrechtliche Vorgaben berücksichtigt werden müssen.

8. Auswahl der bestmöglichen Lösung

Die besondere Herausforderung beim Bewerten von Lösungsalternativen besteht in der Erarbeitung von objektiven, messbaren und konsensfähigen Bewertungskriterien, da selbst die Vorgaben durch Gesetzgeber, Unfallversicherungsträger und Normen Gestaltungsspielräume zulassen. Daher wurde sich in Zusammenarbeit mit Mitarbeitern, Bereichsleitung und Personalvertretung zuerst auf generelle Kriterien zum Bewerten von Lösungsalternativen und deren Gewichtung geeinigt.

Kriterium	Gewichtung
Wie gut werden die gesteckten Ziele erreicht?	3
Wieweit werden die zu berücksichtigenden Vorgaben (Gesetze etc.) erfüllt?	3
Besteht geringer Investitionsbedarf für die Einführung / Durchführung?	3
Wie zuverlässig ist die gefundene Lösung (Qualität)?	2
Wie zukunftssicher/nachhaltig ist die gefundene Lösung?	3
Wie hoch ist die Akzeptanz der Lösung?	2
Wie hoch ist der zu berücksichtigende Zeitaufwand zur Einführung/Implementation?	2
Wie hoch ist der zusätzliche Nutzen?	1
Werden weitere Risiken vermieden?	2

Nach Festlegung dieser Kriterien werden die gefundenen Lösungsalternativen mit Hilfe der Schnellplanmethode bewertet (s. Anhang).

Folgende Maßnahmen werden beschlossen:

Sofortmaßnahmen (sind spätestens bis zum 15.08 2007 umzusetzen)

- Es findet eine Unterweisung der Mitarbeiter zum richtigen Umgang mit Gefahrstoffen insbesondere Celite 545 ® statt.
- Den Mitarbeitern wird zum Wechsel des Filtermaterials eine FFP 2 Maske, eine Schutzbrille, Schutzhandschuhe und ein Einmalschutzanzug zur Verfügung gestellt.
- Zum Transport der Materialsäcke vom Lager zum Filterbecken wir eine Sackkarre angeschafft.
- Das Betonpodest wird mit einer Auffahrrampe (Stahl) ausgestattet.
- Eine Schulung der Mitarbeiter zum richtigen Heben und Tragen von Lasten wird vom betriebsärztlichen Dienst durchgeführt.
- Betriebsärztliche Untersuchungen gemäß den berufsgenossenschaftlichen Grundsätzen G 1.1 (silikogener Staub), G 46 (Belastungen des Bewegungsapparates) und G26.1 (Atemschutzgeräte) wird bei den betroffenen Mitarbeitern durchgeführt.

Längerfristige Maßnahmen (Umsetzung bis zum Start der Saison 2008, spätestens bis 01.06.2008)

- Es wird überprüft ob ein Ersatz des Filtermaterials Celite 545 ® durch Cellulose oder Hydroanthrazit möglich ist. Ob dieses Material mit der Filtertechnik kompatibel ist und ob die Reinheit des Wassers durch den Wechsel des Filtermaterials gefährdet wird, konnte im Rahmen des Praktikums nicht geklärt werden. Diese Maßnahme hat aber gegenüber den Sofortmaßnahmen oberste Priorität, da sie direkt an der Gefahrenquelle ansetzt und diese beseitigt. Alternativ ist eine Umrüstung oder ein Austausch der Filteranlage erforderlich.
- Das Filtermaterial wir zukünftig in kleineren Gebindegrößen (10-15kg) eingekauft und geliefert.
- Das Material wir zukünftig über einen existierenden Versorgungsschacht angeliefert. Hierzu ist die Ausstattung des Versorgungsschachtes mit einer Hebebühne bzw. einem Hebekran erforderlich. Ein entsprechendes Gestaltungskonzept wird von der Bereichsleitung in Zusammenarbeit mit der Sicherheitsfachkraft erarbeitet.

o   Der Technikraum und die entsprechenden Verkehrswege werden mit rutschhemmenden Bodenbelägen ausgestattet. Auch hier wird ein Entwurf erarbeitet. Eine Umsetzung im Rahmen des Praktikums ist aus oben genannten Gründen nicht möglich.

9. Umsetzung der Maßnahmen

9.1 Unterweisung der Mitarbeiter

Eine Unterweisung aller Mitarbeiter gemäß § 14 Gefahrstoffverordnung ist erfolgt, eine Betriebsanweisung wurde erstellt.
Es wurde vereinbart, dass eine Schulung des Personals regelmäßig zu Saisonbeginn erfolgt. Während der Schulung fielen zum Teil gravierende Wissenslücken insbesondere des Aushilfspersonals auf. Hier besteht weiterer Handlungsbedarf der aber den Rahmen des Praktikums sprengen würde. Die verantwortlichen Personen wurden in einer vertraulichen Sitzung darüber in Kenntnis gesetzt.

9.2 Persönliche Schutzausrüstung

Die für den Umgang mit dem Filtermaterial erforderliche PSA wurde beschafft. Die Mitarbeiter wurden in der korrekten Benutzung unterwiesen auf Benutzungspflicht wurde ausdrücklich hingewiesen.
Die verantwortlichen Personen wurden darauf aufmerksam gemacht, dass die Bereitstellung der PSA lediglich eine Sofortmaßnahme der Abstellung einer möglichen Gesundheitsgefährdung darstellt und keine Dauerlösung ist. Auf die Notwendigkeit der Umstellung des Filtermaterials wurde ausdrücklich hingewiesen.

9.3 Transport der 25kg Säcke

Eine Sackkarre wurde angeschafft. Das Podest mit einer rutschhemmenden Stahlrampe ausgestattet, so dass ein Transport vom Lagerraum bis zum Filter mit geringem Körpereinsatz erfolgt.

9.4 Richtiges Heben und Tragen

Bei der Vorbereitung der Schulung zum rückenschonenden Heben und Tragen durch den betriebsärztlichen Dienst wurde festgestellt, dass es entsprechende Präventionsangebote der gesetzlichen Krankassen im Rahmen der betrieblichen Gesundheitsförderung gibt. Nach Kontaktaufnahme mit dem zuständigen Sachbearbeiter konnte kurzfristig folgende Maßnahme umgesetzt werden.

Die Mitarbeiter wurden einen Tag lang von zwei speziell geschulten Physiotherapeuten begleitet. Sämtliche Tätigkeiten mit dynamischer bzw. statischer Belastung des Bewegungsapparates wurden betrachtet und den Mitarbeitern wurden vor Ort rückenschonende Techniken vermittelt. Gleichzeitig konnten die Mitarbeiter über die Angebote der gesetzlichen Krankenversicherung zur Prävention informiert werden.

9.5 Betriebsärztliche Untersuchungen

Die betriebsärztlichen Untersuchungen wurden durchgeführt. Es wurden in keinem Fall gesundheitliche Bedenken ausgesprochen. Die Überprüfung des Gesundheitszustandes ergab, dass ein schwerbehinderter Mitarbeiter eingesetzt wird. Zwar hat die Schwerbehinderung keinen Einfluss auf die gesundheitliche Eignung, bei der Umsetzung der langfristigen Maßnahmen können aber finanzielle Mittel zur Teilhabe beim zuständigen Integrationsamt gemäß SGB IX beantragt werden.

10. Wirkungskontrolle

Der Erfolg der Maßnahmen im Hinblick auf die Erreichung der Schutzziele wird Im Rahmen des Handlungskreislaufs für die Fachkraft für Arbeitssicherheit überprüft.

10.1 Unterweisung der Mitarbeiter

Die Unterweisung zum sicheren Umgang mit dem Gefahrstoff Celite 545 ®, die durch das Praktikum initiiert wurde hat erhebliche Unterweisungsdefizite aufgedeckt. Ab der Saison 2008 wird vor Saisonbeginn eine Unterweisung in der sämtliche Belange des Arbeitsschutzes berücksichtigt werden für alle Mitarbeiter (einschließlich Aushilfskräfte) durchgeführt. Die Teilnahme wird dokumentiert. Die Akzeptanz dieser Maßnahme durch Mitarbeiter und Führungsverantwortliche ist hoch.

10.2 Persönliche Schutzausrüstung

Die Akzeptanz dieser Maßnahme ist gering. Die zur Verfügung gestellte PSA wird, wenn überhaupt nur sporadisch genutzt und dann auch nur die FFP 2 Maske. Die Bereitschaft der Führungsverantwortlichen durch Kontrollen und arbeitsrechtliche Schritte das Tragen der PSA durchzusetzen ist gering. Die Ursache der geringen Akzeptanz, liegt daran, dass die akuten Schädigungen durch die Exposition gering sind und chronische Schäden zunächst verdrängt werden. Dies bestätigt die Maßnahmenhierarchie. Die PSA ist hier nur eine Notlösung, weil die Umsetzung der anderen Maßnahmen einen gewissen Zeitvorlauf hat. Die Umstellung des Filtermaterials auf einen nicht Gefahrstoff, muss daher spätestens zum Saisonstart 2008 erfolgen.

10.3 Transport der 25kg Säcke

Bereitstellung einer Sackkarre und Anbringung der Rampe.
Diese Maßnahme ist ein voller Erfolg, bedeutet sie doch eine erhebliche Arbeitserleichterung. Die Akzeptanz der Mitarbeiter ist hoch, da die Wirksamkeit (Verringerung der körperlichen Beanspruchung) selbst erfahren wird.

10.3 Richtiges Heben und Tragen

Die Schulungsmaßnahme war ebenfalls erfolgreich. Die Mitarbeiter haben erfahren, wie durch einen physiologischen Körper- und Kräfteeinsatz unnötige Beanspruchungen vermieden werden können.

10.4 Betriebsärztliche Untersuchungen

Die betriebsärztlichen Untersuchungen wurden angenommen. Wenn auch durch diese Maßnahmen die eigentliche Gefährdung nicht vermieden wird, so können doch mögliche Gesundheitsrisiken rechtzeitig erkannt und ggf. erforderliche Schritte eingeleitet werden.

10.5 Zusammenfassung

Insgesamt befinden sich die Maßnahmen, die sofort umgesetzt werden konnten auf dem unteren Niveau der Maßnahmenhierarchie, da die Gefährdungen bestenfalls minimiert werden konnten. Insbesondere im Hinblick auf den eingesetzten Gefahrstoff, hilft nur der Einsatz der vorgeschlagenen Ersatzstoffe ggf. muss hierzu die Filteranlage verändert werden.
Zwar wird die körperliche Arbeit durch die eingesetzten Hilfsmittel und Techniken reduziert eine wirkliche Verbesserung der Bedingungen ist aber nur die Umbaumaßnahmen zu erreichen.

11. Schlussfolgerungen für den Betrieb

Die analysierten Arbeitsbedingungen sind nicht akzeptabel. Eine notwendige Veränderung ergibt sich schon allein durch die gesetzlichen Vorgaben. Die Belange des Arbeitsschutzes hätten schon bei der Umbauplanung berücksichtigt werden können, jetzt sind Nachbesserungen erforderlich. In der modernen Betriebsorganisation wird mit immer weniger Personalkapazitäten gearbeitet, so dass (vermeidbare) Ausfälle durch Unfälle oder arbeitsbedingte Erkrankungen erhebliche Betriebsstörungen verursachen können. Für den betroffenen Mitarbeiter kommt es neben der Beeinträchtigung durch den Unfall bzw. die Erkrankung selbst, zu einer ernsthaften Bedrohung des Sozialstatus, da die sozialen Sicherungssysteme die finanziellen Krankheitsrisiken nur zum Teil decken. Die Schaffung gesundheitsgerechter Arbeitsbedingungen liegt also im Interesse aller Beteiligten.

12. Schlussfolgerungen für die Sicherheitsfachkraft

Die moderne Arbeitswelt hat auch das Tätigkeitsspektrum der Fachkraft für Arbeitssicherheit erheblich verändert. Während des Praktikums wurden neben den klassischen Fähigkeiten (Analysieren und Bewerten von Problemen, Lösungsansätze entwickeln und für deren Durchführung sorgen und Beratung der Verantwortlichen), die vor allem Methodenkompetenz erfordern, auch Sozial- und Kommunikationskompetenz erwartet und erforderlich. Letzteres gilt insbesondere für die Vermittlung des modernen Arbeitsschutzgedankens und für die Mediation zwischen den verschiedenen Interessengruppen.

Die Herausforderungen liegen vor allem darin den Arbeitsschutzgedanken als selbstverständlichen Bestandteil beim Gestalten von Arbeitssystemen zu integrieren. So sind im konkreten Fall finanzielle Mittel in Millionenhöhe für die äußere Gestaltung des Schwimmbades ausgegeben worden, an eine gesundheitsgerechte Gestaltung der Arbeitsplätze hat aber kein Mensch gedacht.

Unfälle und arbeitsbedingte Erkrankungen führen zu einer –oftmals unnötigen- Belastung der Sozialkassen, die von allen getragen werden müssen. Die Gestaltung einer gesundheitsgerechten oder sogar gesundheitsfördernden Arbeitsumgebung ist daher sowohl sozial- als auch betriebswirtschaftlich von größter Bedeutung und sollte von allen Beteiligten unterstützt werden.

Literaturverzeichnis

Gesetze/ Verordnungen

Arbeitsschutzgesetz
Verordnung über Arbeitsstätten
Betriebssicherheitsverordnung
Verordnung über Gefahrstoffe
Lastenhandhabungsverordnung
Lärm- und Vibrationsschutzverordnung

Unfallverhütungsvorschriften

Grundsätze der Prävention (GUV-V A1)
Sicherheitsregeln für Bäder (GUV-R 1/111)
Sicherheits- und Gesundheitsschutzkennzeichnung am Arbeitsplatz (GUV-V A8)
Lärm (GUV-V D5)
Winden, Hub und Zuggeräte (GUV-V D8)

Regeln, Richtlinien, Sicherheitsregeln, Merkblätter

Betreiben von Arbeitsmitteln (GUV-R 1/474)
Bodenbeläge für nassbelastete Arbeitsbereiche (GUV-I 8527)

DIN-Normen

DIN 19643 Aufbereitung und Desinfektion von Schwimm- und Badebeckenwasser
DIN 3181 Atemschutzgeräte
DIN EN 12464-1 Beleuchtung von Arbeitsstätten

Andere Schriften

Richtlinien für den Bäderbau des Koordinierungskreises Bäder (KOK-Richtlinien)

Sonstiges

Gestis-Stoffdatenbank

Anlage 1

Handlungskreislauf der Fachkraft für Arbeitssicherheit

Quelle: Die gewerblichen Berufsgenossenschaften

Anlage 2

Beschreibung des Arbeitssystems
„**Beschickung des Filters zur Schwimmbeckenwasseraufbereitung**"

Arbeitsaufgabe

Die Aufgabe der Filteranlage ist es, das Schwimmbadwasser umzuwälzen und dabei die filtrierfähigen Schmutzstoffe vollständig zurückzuhalten. Die Art des Filtermaterials, die Schichthöhe, die Filtergeschwindigkeit und vor allem die Konstruktion der inneren Wasserverteilung haben wesentlichen Einfluss auf das Filtrationsergebnis. Je mehr Verunreinigungen durch den Filter zurückgehalten werden, desto weniger Desinfektionsmittel werden benötigt. Weil der zurückgehaltene Schmutz das Filtermaterial zunehmend verunreinigt ist eine regelmäßige Erneuerung (Arbeitsaufgabe der Mitarbeiter) erforderlich.

Eingabe

Material: Celite 545 ®, Filtermaterial. Das Material wird in 25kg Papiersäcken angeliefert.
Informationen: Betriebsanweisung zur Bedienung der Filteranlage

Mensch(en)

Schwimmmeister, fachspezifische Ausbildung, 45 Jahre, gesund
Schwimmmeistergehilfe, keine Ausbildung, angelernt, 51 Jahre, gesund

Arbeitsmittel

Offener Festbettfilter (Anschwemmfilter) aus Beton nach DIN 19624 mit Schaltautomatik und veränderbarem Programm für Abwurf und Ableitung des beladenen Filtermaterials, sowie für Anschwemmung, Trüblauf und Filterbetrieb.
Die Forderungen der GUV-R 1/111, Abschnitt 4.4.3 und der DIN 19643-1, Abschnitt 6.5.2 werden erfüllt. Die Beckenabmessung beträgt 4m (Länge) x 2m (Breite) x 1,5m (Tiefe). Vor dem Becken ist über der gesamten Breite ein 1m hohes Betonpodest angebracht.

Arbeitsplatz

Die Räume für die technischen Anlagen zur Aufbereitung des Schwimmbeckenwassers und zur Lagerung des Filtermaterials sind im Keller des Hauptgebäudes untergebracht.
Sie sind über eine steile Betontreppe (20 Stufen, unterschiedliche Höhen, zum Teil deutliche Abnutzungsspuren) mit bogenförmigem Verlauf zugänglich.
Ein geräumiger Versorgungsschacht, der von der Straßenseite des Hauptgebäudes erreichbar ist, wird nicht benutzt.

Der Raum mit dem Filterbecken ist von den anderen technischen Anlagen durch Plexiglaswände getrennt. Auf dem Fußboden (Zementestrich) finden sich einzelne Wasserpfützen.
Der Lagerraum für das Filtermaterial ist durch Betonwände von den anderen Räumen getrennt. Er ist abschließbar und kann durch Oberlichter, die geöffnet werden können belüftet werden. Eine technische Lüftungsanlage existiert nicht.

Arbeitsablauf
Der Arbeitsablauf lässt sich in zwei Tätigkeitsbereiche gliedern.
„Anlieferung und Verbringung des Filtermaterials". Das Filtermaterial wird in 100 Säcken zu je 25 kg angeliefert und muss von beiden Mitarbeitern vom Ort der Lieferung (Platz vor dem Hauptgebäude) in den Keller getragen werden. Hilfsmittel stehen nicht zur Verfügung.
„Erneuerung des Filtermaterials". Die erforderliche Erneuerung des Filtermaterials wird von der Anlage automatisch signalisiert (akustisch und visuell). Der Schwimmmeister trägt dann einen 25kg Sack Filtermaterial vom Lager auf das Podest des Filterbeckens. Er lässt diesen vorsichtig in das Filterbecken gleiten und zerreißt ihn während des Sinkvorganges unter Wasser, so dass sich das Filtermaterial verteilen kann.
Der gesamte Vorgang dauert ca. 10min.

Arbeitsumgebung
Die Beleuchtung der Kellerräume ist überwiegend künstlich. Tageslicht kommt nur durch die Oberlichter herein. Die gemessene Beleuchtungsstärke beträgt 200 Lux und entspricht damit der DIN 5035-2 (100 Lux). Die gemessene Lautstärke beträgt im Tagesdurchschnitt 75dB (A) und liegt dabei unter dem Lärmgrenzwert (80dB (A)).
Das verwendete Filtermaterial hat die Bezeichnung Celite 545 ® es besteht hauptsächlich aus Kieselgur, hat aber Beimengungen unbekannten Grades aus Quarz und Cristobalit. Es ist eine weißliche pulverförmige Substanz, die aus den Siliziumdioxidschalen fossiler Kieselalgen besteht.
Eine akute Toxizität besteht nicht. Es können aber bei entsprechender Exposition Reizungen des Auges oder der Mund- bzw. Rachenschleimhäute auftreten.
Je nach eingeatmeter Menge kann es zur Ausbildung einer akuten Silikoseerkrankung kommen.
Kontakt mit der Haut bewirkt Irritationen in Form von Hauttrockenheit und Abrasionen.
Bei chronischer Exposition kann es Staublungenerkrankungen (Pneumokoniosen) oder sogar bösartigen Erkrankungen der Atemwege (Lungen- oder Bronchialkrebs) kommen.

Anlage 3 Teil 1
Gefährdungsbeurteilung
Bereich: Schwimmbadtechnik
Tätigkeit: Beschickung des Filters zur Schwimmbeckenwasseraufbereitung
Teiltätigkeit: Verbringung des angelieferten Filtermaterials in den Lagerraum

Gefährdungs-faktor	Gefahren-quelle	Gefahrbringende Bedingungen	Gefährdung	Eintritts-Wahrscheinlichkeit	Mögliche Schadensschwere	Risiko	Handlungs-bedarf
Mechanisch Sturz auf der Ebene, Ausrutschen, Stolpern, Umknicken	Unübersichtliche Steintreppe mit unterschiedlich hohen Treppenstufen ohne Rutschhemmung	25kg schwere Papiersäcke mit Kieselgur müssen über das Treppenhaus manuell in den Keller getragen werden	Sturzgefahr	mittel	Mittelschwere bis schwere Verletzungen	Reduzierung des Risikos notwendig	Ja
Physische Belastung Kombination aus statischer und dynamischer Arbeit	25kg schwere Papiersäcke mit Kieselgur	Mindestens 50 dieser Säcke müssen manuell über eine Wegstrecke von ca. 50m und über eine Treppe in den Keller transportiert werden	Überbeanspruchung des Bewegungs-Apparates mit akuten bzw. chronischen Gesundheitsschäden	hoch	Mittelschwere bis schwere Erkrankungen	Risiko-reduzierung dringend erforderlich	Ja
Chemisch Gefahrstoff	Celite 545 ® = Mischung aus Kieselgur, Cristobalit, Quarz	Möglichkeit des Freisetzens durch Havarie bzw. Leckagen (wird in Papiersäcken angeliefert)	Kontakt des Gefahrstoffes mit Augen, Haut, Atemwege	gering	Mittelschwere bis schwere Erkrankungen möglich	Reduzierung des Risikos notwendig	Ja
Organisatorische Mängel Fehlende Unterweisungen zum Umgang mit dem Gefahrstoff und zum richtigen Heben und Tragen	25kg schwere Papiersäcke mit Celite 545 ® = Mischung aus Kieselgur, Cristobalit, Quarz	Mitarbeiter müssen ohne entsprechende Kenntnisse gefährdende Tätigkeiten verrichten	Überbeanspruchung des Bewegungs-Apparates mit akuten bzw. chronischen Gesundheitsschäden Zu sorgloser Umgang mit dem Gefahrstoff und somit möglicher Kontakt des Gefahrstoffes mit Augen, Haut, Atemwege	mittel	Mittelschwere bis schwere Erkrankungen möglich	Risiko-reduzierung dringend erforderlich	ja

Anlage 3 Teil 2
Gefährdungsbeurteilung
Bereich: Schwimmbadtechnik
Tätigkeit: Beschickung des Filters zur Schwimmbeckenwasseraufbereitung
Teiltätigkeit: Wechsel des Filtermaterials

Gefährdungs-faktor	Gefahrenquelle	Gefahrbringende Bedingungen	Gefährdung	Eintritts-Wahrscheinlichkeit	Mögliche Schadensschwere	Risiko	Handlungsbedarf
mechanisch Absturz auf der Ebene, Ausrutschen, Stolpern, Umknicken	Glatter Betonboden zum Teil mit kleinen Wasserpfützen	25kg schwere Papiersäcke mit Kieselgur müssen vom Lagerraum zum offenen Filter getragen werden	Sturzgefahr	mittel	Mittelschwere bis schwere Verletzungen	Reduzierung des Risikos notwendig	Ja
physische Belastung Kombination aus statischer und dynamischer Arbeit	25kg schwere Papiersäcke mit Kieselgur	ein Sack muss über eine Strecke von ca. 10m vom Lagerraum zum Filterbecken getragen und unter unphysiologischen Bedingungen von Hand in das Becken hinabgelassen werden.	Überbeanspruchung des Bewegungs-Apparates mit akuten bzw. chronischen Gesundheitsschäden	hoch	Mittelschwere bis schwere Erkrankungen	Risiko-reduzierung dringend erforderlich	Ja
chemisch Gefahrstoff	Celite 545 ® = Mischung aus Kieselgur, Cristobalit, Quarz	Möglichkeit des Freisetzens durch Havarie bzw. Leckagen (wird in Papiersäcken angeliefert)	Kontakt des Gefahrstoffes mit Augen, Haut, Atemwege	gering	Mittelschwere bis schwere Erkrankungen möglich	Reduzierung des Risikos notwendig	Ja
organisatorische Mängel fehlende Unterweisungen im Umgang mit dem Gefahrstoff und zum richtigen Heben und Tragen	25kg schwere Papiersäcke mit Celite 545 ® = Mischung aus Kieselgur, Cristobalit, Quarz	Mitarbeiter müssen ohne entsprechende Kenntnisse gefährdende Tätigkeiten verrichten	Überbeanspruchung des Bewegungs-Apparates mit akuten bzw. chronischen Gesundheitsschäden Zu sorgloser Umgang mit dem Gefahrstoff und somit möglicher Kontakt des Gefahrstoffes mit Augen, Haut, Atemwege	mittel	Mittelschwere bis schwere Erkrankungen möglich	Risiko-reduzierung dringend erforderlich	Ja

Anlage 3 Teil 3

Risikomatrix (Verfahren nach Nohl)

Wahrscheinlichkeit des Wirksamwerdens der Gefährdung	Mögliche Schadensschwere	Leichte Verletzungen oder Erkrankungen	Mittelschwere Verletzungen oder Erkrankungen	Schwere Verletzungen oder Erkrankungen	Möglicher Tod, Katastrophe
Sehr gering		1	2	3	4
Gering		2	3	4	5
Mittel		3	4	5	6
Hoch		4	5	6	7

Maßzahl	Risiko	Beschreibung
1 - 2	gering	Risiko akzeptabel
3 - 4	signifikant	Reduzierung des Risikos notwendig
5 - 7	hoch	Risikoreduzierung dringend erforderlich

Anlage 3 Teil 4
Leitmerkmalmethode

Anlage 4 Teil 1

Kriterium	Gewichtung (Wert 1-3)	Unterweisung der Mitarbeiter nach Gefahrstoffverordnung		Bereitstellung persönlicher Schutzausrüstung		Beschaffung Sackkarre	
		Erfüllungsgrad (Wert 0-9)	Gewichtung x Erfüllungsgrad	Erfüllungsgrad (Wert 0-9)	Gewichtung x Erfüllungsgrad	Erfüllungsgrad (Wert 0-9)	Gewichtung x Erfüllungsgrad
Zielerreichung (Effektivität)?	3	3	9	5	15	5	15
Erfüllung von Vorgaben (Gesetze etc.)?	3	5	15	6	18	7	21
Investitionsbedarf gering?	3	8	24	5	15	7	21
Zuverlässigkeit/ Qualität der Lösung?	2	2	4	3	6	7	21
Zukunftssicherheit/ Nachhaltigkeit der Lösung?	3	6	18	6	18	7	21
Zeitaufwand gering?	2	6	18	8	16	8	16
Zusätzlicher Nutzen?	1	8	8	1	1	7	7
Werden weitere Risiken vermieden?	2	5	10	2	2	1	1
			Summe: 106		Summe: 91		Summe: 123

Anlage 4 Teil 2

Kriterium	Gewichtung (Wert 1-3)	Ausstattung Betonpodest mit Auffahrrampe		Schulung zum richtigen Heben und Tragen von Lasten		Durchführung betriebsärztlicher Untersuchungen (G1.1, G26.1, G46)	
		Erfüllungsgrad (Wert 0-9)	Gewichtung x Erfüllungsgrad	Erfüllungsgrad (Wert 0-9)	Gewichtung x Erfüllungsgrad	Erfüllungsgrad (Wert 0-9)	Gewichtung x Erfüllungsgrad
Zielerreichung (Effektivität)?	3	8	24	3	9	3	9
Erfüllung von Vorgaben (Gesetze etc.)?	3	8	24	5	15	6	18
Investitionsbedarf gering?	3	5	15	8	24	5	15
Zuverlässigkeit/ Qualität der Lösung?	2	8	16	2	4	5	10
Zukunftssicherheit/ Nachhaltigkeit der Lösung?	3	8	24	6	18	5	15
Zeitaufwand gering?	2	8	16	6	18	4	8
Zusätzlicher Nutzen?	1	5	5	8	8	5	5
Werden weitere Risiken vermieden?	2	6	16	5	10	0	0
			Summe: 140		Summe: 106		Summe: 80

Anlage 4 Teil 3

Kriterium	Gewichtung (Wert 1-3)	Ersatzstoffprüfung Celite 545®		Kleinere Gebindegrößen für das Filtermaterial (12,5kg)		Ausstattung des Versorgungsschachtes mit einer Hebebühne	
		Erfüllungsgrad (Wert 0-9)	Gewichtung x Erfüllungsgrad	Erfüllungsgrad (Wert 0-9)	Gewichtung x Erfüllungsgrad	Erfüllungsgrad (Wert 0-9)	Gewichtung x Erfüllungsgrad
Zielerreichung (Effektivität)?	3	9	27	9	27	9	27
Erfüllung von Vorgaben (Gesetze etc.)?	3	9	27	8	24	8	24
Investitionsbedarf gering?	3	4	12	8	24	4	12
Zuverlässigkeit/ Qualität der Lösung?	2	9	18	9	18	9	18
Zukunftssicherheit/ Nachhaltigkeit der Lösung?	3	9	27	9	27	9	27
Zeitaufwand gering?	2	3	6	8	16	3	6
Zusätzlicher Nutzen?	1	8	8	0	0	8	8
Werden weitere Risiken vermieden?	2	6	12	6	12	8	16
			Summe: 137		Summe: 148		Summe: 138

Anlage 4 Teil 4

Kriterium	Gewichtung (Wert 1-3)	Ausstattung von Technikräumen und Verkehrswegen mit rutschhemmenden Belägen Erfüllungsgrad (Wert 0-9)	Gewichtung x Erfüllungsgrad	Erfüllungsgrad (Wert 0-9)	Gewichtung x Erfüllungsgrad	Erfüllungsgrad (Wert 0-9)	Gewichtung x Erfüllungsgrad
Zielerreichung (Effektivität)?	3	8	24				
Erfüllung von Vorgaben (Gesetze etc.)?	3	8	24				
Investitionsbedarf gering?	3	4	12				
Zuverlässigkeit/ Qualität der Lösung?	2	8	16				
Zukunftssicherheit/ Nachhaltigkeit der Lösung?	3	8	24				
Zeitaufwand gering?	2	4	8				
Zusätzlicher Nutzen?	1	5	5				
Werden weitere Risiken vermieden?	2	6	12				
			Summe: 125		Summe:		Summe:

Anlage 5	Betriebsanweisung	Nr.: Stand: 01.08.2007 Unterschrift:

gilt für: Schwimmbadtechnik

GEFAHRSTOFFBEZEICHNUNG

Celite 545 ®
Filterhilfsmittel

GEFAHREN FÜR MENSCH UND UMWELT

Gesundheitsschädlich beim Einatmen. Verdacht auf krebserzeugende Wirkung.

Gefährliche Reaktionen am Arbeitsplatz sind möglich mit: keine bekannt

Zersetzungsprodukte: Keine bekannt

Gefahren für die Umwelt: Nicht wassergefährdend

SCHUTZMASSNAHMEN UND VERHALTENSREGELN

Bei Stäuben Absaugung einschalten und in ihrem Wirkungsbereich arbeiten. Gefäße nicht offen stehen lassen. Beim Ab- und Umfüllen bzw. beim Mischen Staubentwicklung vermeiden. Reaktionsfähige Stoffe fernhalten bzw. nur kontrolliert hinzugeben.

Nicht essen, trinken, rauchen oder schnupfen. Einatmen von Stäuben vermeiden. Berührung mit Augen, Haut und Kleidung vermeiden. Nach Arbeitsende und vor jeder Pause Hände und andere verschmutzte Körperstellen gründlich reinigen. Hautpflegemittel verwenden. Straßenkleidung getrennt von Arbeitskleidung aufbewahren! Arbeitskleidung nicht ausschütteln oder abblasen!

Behälter dicht geschlossen an einem gut gelüfteten Ort lagern.

Beschäftigungsbeschränkungen beachten!

Augenschutz: Gestellbrille mit Seitenschutz

Atemschutz: Partikelfilter P2 (FFP 2 Filter)

Handschutz: Handschuhe aus Nitrilkautschuk tragen.

Hautschutz: Hautschutz benutzen

Schutzkleidung: Chemikalien-Vollschutzanzug

VERHALTEN IM GEFAHRFALL — Feuerwehr 112

Gefahrenbereich räumen und absperren, Vorgesetzten informieren. Bei der Beseitigung von ausgelaufenem/verschütteten Produkt immer Schutzbrille, Handschuhe sowie bei größeren Mengen Atemschutz tragen. Unter Staubvermeidung aufnehmen und entsorgen!

Produkt brennt unter normalen Umständen nicht. Im Brandfall Löschmaßnahmen auf Umgebung abstimmen. Bei Brand entstehen gefährliche Dämpfe. Alarm-, Flucht- und Rettungspläne beachten. Feuerwehr alarmieren.

Zuständiger Arzt: ......
Unfalltelefon: ......

ERSTE HILFE — Notruf 112

Bei jeder Erste-Hilfe-Maßnahme: Auf Selbstschutz achten. Lebensrettende Sofortmaßnahmen, wie "Stabile Seitenlage", "Herz-Lungen-Wiederbelebung", "Schockbekämpfung" situationsabhängig durchführen. Wunden keimfrei bedecken. Für Körperruhe sorgen, vor Wärmeverlust schützen. Ärztliche bzw. Augenärztliche Behandlung.
Nach Augenkontakt: Sofort unter Schutz des unverletzten Auges ausgiebig (ca. 10 Minuten) bei geöffneten Lidern mit Wasser spülen. Bei Augenverletzungen steriler Schutzverband. Nach Augenkontakt immer augenärztliche Behandlung.
Nach Hautkontakt: Verunreinigte Kleidung, auch Unterwäsche und Schuhe, sofort ausziehen. Haut mit viel Wasser spülen.
Nach Einatmen: Verletzten unter Selbstschutz aus dem Gefahrenbereich bringen. Bei Atemnot Sauerstoff inhalieren lassen. Bei Atemstillstand künstliche Beatmung: Beatmungshilfen benutzen.
Nach Verschlucken: Sofortiges kräftiges Ausspülen des Mundes.

Ersthelfer: Herr...

SACHGERECHTE ENTSORGUNG

Nicht in Ausguss oder Mülltonne schütten! Produktreste sind Sondermüll und werden getrennt gesammelt.

Beschreibung des Arbeitssystems
„**Beschickung des Filters zur Schwimmbeckenwasseraufbereitung**"

Arbeitsaufgabe

Die Aufgabe der Filteranlage ist es, das Schwimmbadwasser umzuwälzen und dabei die filtrierfähigen Schmutzstoffe vollständig zurückzuhalten. Die Art des Filtermaterials, die Schichthöhe, die Filtergeschwindigkeit und vor allem die Konstruktion der inneren Wasserverteilung haben wesentlichen Einfluss auf das Filtrationsergebnis. Je mehr Verunreinigungen durch den Filter zurückgehalten werden, desto weniger Desinfektionsmittel werden benötigt. Weil der zurückgehaltene Schmutz das Filtermaterial zunehmend verunreinigt ist eine regelmäßige Erneuerung (Arbeitsaufgabe der Mitarbeiter) erforderlich.

Eingabe

Material: Celite 545 ®, Filtermaterial. Das Material wird in 25kg Papiersäcken angeliefert.
Informationen: Betriebsanweisung zur Bedienung der Filteranlage

Mensch(en)

Schwimmmeister, fachspezifische Ausbildung, 45 Jahre, gesund
Schwimmmeistergehilfe, keine Ausbildung, angelernt, 51 Jahre, gesund

Arbeitsmittel

Offener Festbettfilter (Anschwemmfilter) aus Beton nach DIN 19624 mit Schaltautomatik und veränderbarem Programm für Abwurf und Ableitung des beladenen Filtermaterials, sowie für Anschwemmung, Trüblauf und Filterbetrieb.
Die Forderungen der GUV-R 1/111, Abschnitt 4.4.3 und der DIN 19643-1, Abschnitt 6.5.2 werden erfüllt. Die Beckenabmessung beträgt 4m (Länge) x 2m (Breite) x 1,5m (Tiefe). Vor dem Becken ist über der gesamten Breite ein 1m hohes Betonpodest angebracht.

Arbeitsplatz

Die Räume für die technischen Anlagen zur Aufbereitung des Schwimmbeckenwassers und zur Lagerung des Filtermaterials sind im Keller des Hauptgebäudes untergebracht.
Sie sind über eine steile Betontreppe (20 Stufen, unterschiedliche Höhen, zum Teil deutliche Abnutzungsspuren) mit bogenförmigem Verlauf zugänglich.
Ein geräumiger Versorgungsschacht, der von der Straßenseite des Hauptgebäudes erreichbar ist, wird nicht benutzt.

Der Raum mit dem Filterbecken ist von den anderen technischen Anlagen durch Plexiglaswände getrennt. Auf dem Fußboden (Zementestrich) finden sich einzelne Wasserpfützen.
Der Lagerraum für das Filtermaterial ist durch Betonwände von den anderen Räumen getrennt. Er ist abschließbar und kann durch Oberlichter, die geöffnet werden können belüftet werden. Eine technische Lüftungsanlage existiert nicht.

Arbeitsablauf
Der Arbeitsablauf lässt sich in zwei Tätigkeitsbereiche gliedern.
„Anlieferung und Verbringung des Filtermaterials". Das Filtermaterial wird in 100 Säcken zu je 25 kg angeliefert und muss von beiden Mitarbeitern vom Ort der Lieferung (Platz vor dem Hauptgebäude) in den Keller getragen werden. Hilfsmittel stehen nicht zur Verfügung.
„Erneuerung des Filtermaterials". Die erforderliche Erneuerung des Filtermaterials wird von der Anlage automatisch signalisiert (akustisch und visuell). Der Schwimmmeister trägt dann einen 25kg Sack Filtermaterial vom Lager auf das Podest des Filterbeckens. Er lässt diesen vorsichtig in das Filterbecken gleiten und zerreißt ihn während des Sinkvorganges unter Wasser, so dass sich das Filtermaterial verteilen kann.
Der gesamte Vorgang dauert ca. 10min.

Arbeitsumgebung
Die Beleuchtung der Kellerräume ist überwiegend künstlich. Tageslicht kommt nur durch die Oberlichter herein. Die gemessene Beleuchtungsstärke beträgt 200 Lux und entspricht damit der DIN 5035-2 (100 Lux). Die gemessene Lautstärke beträgt im Tagesdurchschnitt 75dB (A) und liegt dabei unter dem Lärmgrenzwert (80dB (A)).
Das verwendete Filtermaterial hat die Bezeichnung Celite 545 ® es besteht hauptsächlich aus Kieselgur, hat aber Beimengungen unbekannten Grades aus Quarz und Cristobalit.
Es ist eine weißliche pulverförmige Substanz, die aus den Siliziumdioxidschalen fossiler Kieselalgen besteht.
Eine akute Toxizität besteht nicht. Es können aber bei entsprechender Exposition Reizungen des Auges oder der Mund- bzw. Rachenschleimhäute auftreten.
Je nach eingeatmeter Menge kann es zur Ausbildung einer akuten Silikoseerkrankung kommen.
Kontakt mit der Haut bewirkt Irritationen in Form von Hauttrockenheit und Abrasionen.
Bei chronischer Exposition kann es Staublungenerkrankungen (Pneumokoniosen) oder sogar bösartigen Erkrankungen der Atemwege (Lungen- oder Bronchialkrebs) kommen.

Analyse und ggf. Neugestaltung des Arbeitssystems Verwaltung des Farbenballs

(Vitus Gail, Dipl. Ing. (FH), REFA-Ing. f. Industrial Engineering)

Kurzbericht

Im Zeitraum Juli bis September 2005 wurden die im Jahre 2004 neu erstellten und bezogenen Verwaltungsarbeitsplätze des „Farbenballs" einer Gefährdungs-Analyse unterzogen und unter den Gesichtspunkten der Anforderungen des Arbeitsschutzgesetzes und der Mitarbeiterzufriedenheit zum Teil neu gestaltet um Unfälle und arbeitsbedingte Erkrankungen für die Zukunft weitgehend zu vermeiden und die Arbeitsbedingungen in den Büro´s zu verbessern.
Anhand von vorbereiteten Checklisten (u.a. Check Büroarbeit – BGI 5001) wurden die Büro-Arbeitssysteme und das Gesamtsystem Verwaltung auf sicherheitstechnische, ergonomische und arbeitspsychologische Gefährdungen überprüft. Verbesserungspotentiale wurden mit den beteiligten Mitarbeitern erörtert und als Ideensammlung dokumentiert.
Nach dem Schritt 1 der Prospektiven Gefährdungsermittlung wurde im Schritt 2 eine Bewertung und Risikoabschätzung (nach Nohl) der Ergebnisse durchgeführt.
Aus den Erkenntnissen der Gefährdungsermittlung und der Bewertung der Gefährdungen, wurden im Schritt 3 gemeinsam mit der Geschäftsleitung und der zuständigen Sicherheitsbeauftragten Ziele für eine Reorganisation entwickelt.
Im Schritt 4 wurden Lösungsvorschläge für die Gefährdungen mit signifikantem oder hohem Risiko erarbeitet. Für das Empfangsbüro wurde eine komplette Neustrukturierung empfohlen und 2 Alternativlösungen (A: Komplettumbau / B: Reorganisation der Arbeitsplätze und der technischen Einrichtung) zur Bewertung vorgeschlagen.
In einer großen Teamsitzung mit allen Beteiligten wurde im Schritt 5 mit der Methode „Nutzwertanalyse" eine Bewertung der vorgeschlagenen Alternativen durchgeführt. Die Alternative B erhielt den höchsten Nutzwert und wurde für die Umsetzung ausgewählt. Eine Terminplanung für die Umsetzung wurde festgelegt.
Gemeinsam mit den betroffenen Mitarbeitern und den Haustechnikern wurde im Schritt 6 die Alternative B zum festgelegten Termin in die Realität umgesetzt.
In der umgesetzten Lösung sind alle wesentlichen Kriterien des Arbeitsschutzes berücksichtigt und die in der Prospektiven Gefährdungsermittlung erkannten Gefährdungen konnten beseitigt werden.
In einer anschließenden erneuten Gefährdungsermittlung (Schritt 7) konnten keine neuen signifikanten Gefährdungen erkannt werden.

Inhaltsverzeichnis

1. Ausgangssituation und Problemstellung
2. Zielsetzung für die Praktikumsaufgabe
3. Vorgehensweise
4. Ist-Zustand am Beginn der Praktikumsaufgabe
5. Problemlösung, Ergebnisse
6. Schlussfolgerungen für den Betrieb
7. Schlussfolgerungen für die Tätigkeit als Fachkraft für Arbeitssicherheit

Literaturverzeichnis

1. **Ausgangssituation und Problemstellung**

Das „Farbenballs " ist eine Organisation für erkrankte Kinder und deren Familien im Bezirk Deutschland. Das Farbenballs hilft umfassend: Medizinisch und finanziell, psychisch und sozial, wo immer auch Hilfe erforderlich wird. Im Juli 2004 wurde vom Farbenball das bisher lang gestreckte Gebäude des Nachsorgezentrums durch einen Anbau zur L-Form erweitert. Neben dem großen neuen Mehrzwecksaal brachte der neue Anbau auch neue Büro´s für die Verwaltungsbereiche und die Geschäftsführung des Farbenballs.

Bild 01: Garten des Farbenballs mit dem lang gestreckten Verwaltungsgebäude (vor Umbau)

Beim Bezug der neuen Büro´s wurden aufgrund der bisherigen Raumnot und des dadurch ausgelösten Zeitdrucks die sicherheitstechnischen, ergonomischen und arbeitspsychologischen Anforderungen für die Gestaltung und den Betrieb von Arbeitssystemen mit Bildschirmgeräten nur zum Teil erfüllt.
Im Rahmen der Einführung eines neuen Verwaltungs-EDV-Programmes im Sommer des Jahres 2005 wurde deshalb auch eine Analyse und ggf. Neugestaltung des Arbeitssystems Verwaltung unter den Gesichtspunkten der Anforderungen des Arbeitsschutzgesetzes und der Mitarbeiterzufriedenheit beschlossen um Unfälle und arbeitsbedingte Erkrankungen in der Zukunft weitgehend zu vermeiden. Diese Analyse wurde im Juli 2005 durchgeführt und führte aufgrund von signifikanten Gefährdungen im Bereich des Empfangsbüros zu einer umfassenden Reorganisation des Empfangsbüros des Farbenballs. Im Buchhaltungsbüro, im Patientenabrechnungsbüro und im Geschäftsleitungsbüro waren nur unwesentliche Änderungen erforderlich, da keine signifikanten Gefährdungen vorlagen . Die weiteren Ausführungen beziehen sich im wesentlichen auf die Reorganisation des Empfangsbüros.

2. Zielsetzung für die Praktikumsaufgabe

Im Rahmen der Praktikumsaufgabe war das in der Ausbildung zur Fachkraft für Arbeitssicherheit erworbene Grund- und Handlungswissen anzuwenden und die Handlungskompetenz bezogen auf wirtschafts- bzw. branchenbezogene Erfordernisse zu vertiefen. Die systematische Bearbeitung der Praktikumsaufgabe hat sich an den vermittelten Handlungsschritten orientiert und wurde unter den Bedingungen der Praxis erfahren und erlernt.

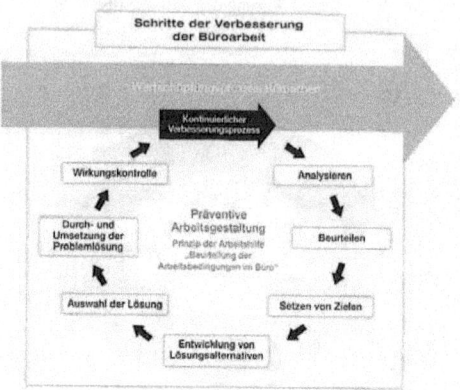

Bild 02: Der zur Lösung der Praktikumsaufgabe eingesetzte Handlungskreislauf (Q: BGI 5001)

Der Auftraggeber (Ausbildungsträger) hat einen unmittelbaren Nutzen von der Durchführung des Praktikums erhalten. Sicheres und gesundes Arbeiten und die Vermeidung von Unfällen und arbeitsbedingten Erkrankungen in der Zukunft ist das Ziel für den Auftraggeber. Die Zielsetzung wurde aus Sicht des Auftraggebers sehr gut erfüllt und die Mitarbeiter des reorganisierten Arbeitssystems sind mit dem Ergebnis der Veränderungen sehr zufrieden.

3. Vorgehensweise

Nach der Akquise der Praktikumsaufgabe im Mai 2005 wurde die Praktikumsaufgabe am 13. Juli 2005 im Rahmen einer Kick-Off-Besprechung gestartet.

Bei diesem Gespräch wurde mit der Geschäftsleitung und der Qualitätsbeauftragten des Farbenballs die Projekt-Vorgehensweise besprochen, die Interne Projektleitung definiert und eine grobe Terminabstimmung vorgenommen.

Die Projektvorstellung für das Mitarbeiter-Team (9 Teilnehmer) fand zusammen mit der Sicherheitsbeauftragten am 19. Juli 2005 statt. An diesem Termin wurden mit den Mitarbeitern aus den Arbeitssystemen individuelle Analyse-Termine vereinbart.

Bei den individuellen Analyse-Terminen (Handlungsschritt 1) wurde das Arbeitssystem eines jeden Mitarbeiters anhand von Checklisten auf Gefährdungen überprüft, die Zufriedenheit der Mitarbeiter erfragt und Verbesserungsideen gesammelt.

Parallel hierzu wurde mit dem Geschäftsführer und der Sicherheitsbeauftragten die Beurteilung der Arbeitsbedingungen im Gesamtsystem „Farbenball" anhand der Berufsgenossenschaftlichen Information (BGI) 5001 überprüft.

Handlungsbedarf ergab sich hierbei insbesonders im Bereich von fehlenden Arbeitsanweisungen (z. B. Verpflichtung zum sicheren und gesunden Arbeiten), fehlenden Betriebsanweisungen (Umgang mit Leitern etc.), fehlenden jährlichen Sicherheitsunterweisungen und einer zu erstellenden Dokumentation zum Arbeitsschutz. Ein Maßnahmenplan mit Termin und für die Durchführung verantwortlichem Mitarbeiter wurde erstellt.

Die Ergebnisse der Analysephase wurden im 2. Handlungsschritt einer Risiko-Beurteilung (nach Nohl) unterzogen und in einer Prospektiven Gefährdungsermittlung dokumentiert.

Zusammen mit der Geschäftsleitung und der Sicherheitsbeauftragten wurden für die erforderlichen Reorganisationsmaßnahmen im Handlungsschritt 3 Ziele formuliert:

Bild 03: Ziele der erforderlichen Reorganisationsmaßnahmen

Für die erkannten, signifikanten Gefährdungen im Bereich des Empfangsbüros (siehe hierzu auch Kapitel_4) wurde im Anschluss zusammen mit den betroffenen Mitarbeitern 2 alternative Reorganisations-Vorschläge A und B erstellt (Handlungsschritt 4).

Im August 2005 wurden die teilweise anonymen Analyseergebnisse, die vereinbarten Ziele und die erarbeiteten Lösungsvorschläge zusammen mit der Geschäftsleitung im Mitarbeiter-Team vorgestellt und diskutiert. Im Rahmen einer Nutzwertanalyse wurden die beiden Reorganisations-Vorschläge einer gemeinsamen Bewertung (Handlungsschritt 5) unterzogen. Aufgrund des höchsten Nutzwertes wurde für die Alternative B die Umsetzung beschlossen (siehe hierzu Kapitel_5).

Nach einer kleinen Überarbeitung der Alternative B und der Beschaffung von noch erforderlichen Arbeitsgegenständen (TFT-Monitore, Klarsichttafelsystem für Informationen etc.) wurde das Empfangsbüro zusammen mit den betroffenen Mitarbeitern und Haustechnikern Mitte August neu gestaltet und reorganisiert (Handlungsschritt 6).

Im Handlungsschritt 7 wurde das Arbeitssystem „Empfangsbüro" zusammen mit den betroffenen Mitarbeitern einer erneuten Gefährdungsbeurteilung unterzogen. Die erkannten, signifikanten Gefährdungen waren nicht mehr vorhanden und neue signifikante Gefährdungen wurden nicht festgestellt.

4. IST-Zustand am Beginn der Praktikumsaufgabe

Bild 04: IST - Zustand Empfangsbüro vor der Reorganisation

Bild 05 + 06: IST- Zustand Arbeitsplätze im Empfangsbüro vor der Reorganisation

Wie auf den Bildern zu erkennen ist, waren im IST-Zustand des Empfangsbüros einige signifikante Gefährdungen für die Gesundheit und das Wohlbefinden der betroffenen Mitarbeiter vorhanden. Wie auch in der Gefährdungsbeurteilung ermittelt, war die Sehfähigkeit durch Reflex und Dirktblendungen beeinträchtigt. Verkehrswege waren nicht breit genug und die Anordnung der technischen Arbeitsmittel (Laserdrucker und Fax) führten zu Durchgangsverkehr im Rücken der Mitarbeiter. Die Arbeitsplätze waren nicht den individuellen Körpermaßen angepasst und die Anordnung der individuellen Arbeitsmittel führten zu unbequemen Kopf- und Körperhaltungen.

Dies führte regelmäßig zu Rückenbeschwerden und psychischem Streß bei den Mitarbeitern. Die hieraus resultierenden Gefährdungen wurden in der Beurteilung als Signifikant eingestuft und führten somit zu Handlungsbedarf. Wie unter Punkt 3 bereits beschrieben, wurden für die Reorganisation Ziele gesetzt und aufbauend auf diesen Zielen alternative Reorganisationsvorschläge erstellt.

5. **Problemlösung, Ergebnisse**

Gemeinsam mit den Mitarbeiterinnen aus dem Empfangsbüro wurden unter Berücksichtigung der Zielsetzungen viele Reorganisationsmodelle diskutiert und auf Realitätsbezug überprüft. Zwei alternative Reorganisationsmodelle wurden schließlich als Reorganisationsalternativen aufbereitet. Parallel zur Entwicklung der alternativen Reorganisationsvorschläge wurden bereits gemeinsam einfach umzusetzende Sofortmaßnahmen verwirklicht um die Akzeptanz des Projektes bei den betroffenen Mitarbeitern zu erhöhen:

➢ Austausch von alten Röhren-Monitoren gegen moderne TFT-Monitore
➢ Neuanordnung der Arbeitsmittel auf den Schreibtischen entsprechend dem Greifraum
➢ Einstellung der Arbeitstisch und Stuhlhöhen entsprechend der Körpergröße
➢ Beschaffung von schönen Plexiglasstift- und –zettelablagen usw.

In der folgenden Darstellung sind die erarbeiteten Lösungsalternativen zu erkennen und in der anschließenden Aufzählung beschrieben:

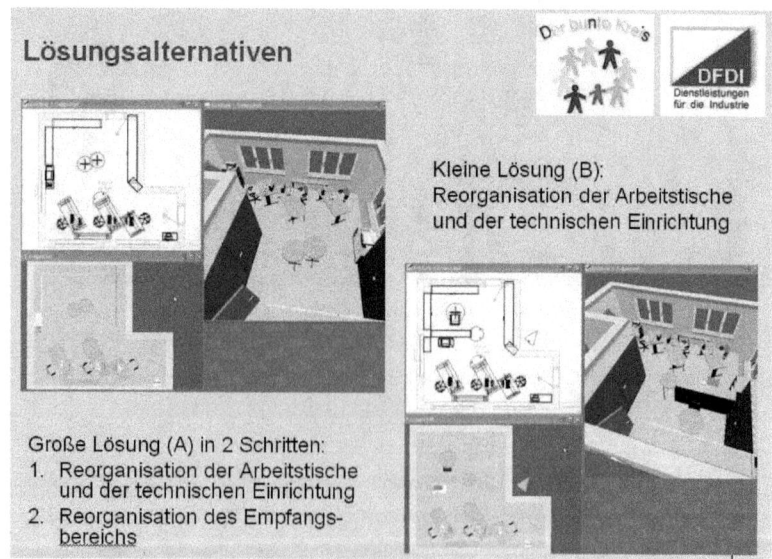

Bild 07: Erarbeitete Lösungsalternativen für das Empfangsbüro

1) **Große Lösung – Komplettumbau (Lösung A)**
   - Anordnung der Tische 60 Grad zur Fensterfront
   - Blendungsfreie Monitoranordnung (90 Grad zur Fensterfront)
   - Individuelle Höheneinstellung der Tische und Arbeitsstühle
   - Einhaltung der arbeitsschutzrechtlichen Gestaltungskriterien
     - Verkehrswege 0,8 m bei bis zu 5 Benutzern
     - Arbeitsplatztiefe 1 m
     - Freie Bewegungsfläche 1,5 m2
     - Arbeitsfläche 1,28 m2 (1600x800mm)
   - Ausreichender Bein- und Fußraum
   - Neue Anordnung von Laserdrucker und Faxgerät und dadurch kein Durchgangsverkehr im Rücken der Mitarbeiter
   - Kommunikationsfördernde Anordnung der Arbeitsplätze
   - Eingangstüre im erweiterten Blickfeld der Mitarbeiter
   - Beseitigung der Besuchertheke und Ersatz durch 2. Besuchertisch

2) **Kleine Lösung – Reorganisation der Arbeitsplätze und der technischen Einrichtung (Lösung B)**
   - Wie Lösungsvorschlag A jedoch ohne Beseitigung der Besuchertheke

Anfang August 2005 wurden die erarbeiteten Lösungsvorschläge wie oben bereits erwähnt im Mitarbeiter-Team vorgestellt und diskutiert. Nach der Erläuterung der Zielsetzungen für die Reorganisation wurden die Lösungsvorschläge von allen Teammitgliedern im Rahmen einer Nutzwertanalyse bewertet.

Die Nutzwertanalyse ist eine bewährte Methode, die den Nutzwert verschiedener Lösungsalternativen im direkten Vergleich zueinander liefert. Die aufgestellten Kriterien erhalten dabei einen Gewichtungsfaktor, der mit dem Bewertungsergebnis für die einzelnen Lösungsvorschläge multipliziert wird. Das Ergebnis ist ein Nutzwert für jede Lösungsalternative, der den jeweiligen quantifizierten Nutzen repräsentiert.

Eine Investitionsrechnung bzw. wirtschaftliche Beurteilung war nicht erforderlich, da vorwiegend vorhandenes Inventar ein- oder umgesetzt wurde und Finanzmittel nur in geringem Umfang (2 TFT-Monitore, Klarsichttafelsystem für Informationen, Stiftablagen) erforderlich waren.

Im nachfolgenden Bild ist das Ergebnis der im Team durchgeführten Nutzwertanalyse zu sehen:

Entscheidungsmatrix für Handlungsalternativen						ZIEL: Reorganisation des Empfangsbüros	
Kriterien	Gewichtung 1-5 Punkte	Bewertung 1-10 Punkte für Handlungsalternativen A - C					
		Maßnahme A Komplettumbau	G x B	Maßnahme B Arbeitstische	G x B	keine Maßnahme IST-Zustand	G x B
Keine gesundheitl. Beeintr.	5	10	50	10	50	5	25
Akzeptanz bei Vorgesetzten	4	3	12	10	40	3	12
Zufriedene Mitarbeiter	5	5	25	9	45	5	25
Betriebsabläufe störfrei	4	4	16	10	40	7	28
Akzeptanz durch Kunden	4	6	24	10	40	10	40
Übereinstimmung mit	5	10	50	8	40	4	20
			0		0		0
			0		0		0
		Option A	177	Option B	255	Option C	150

Bild 08: Ergebnis der Nutzwertanalyse für das Empfangsbüro

Wie in der Tabelle zu sehen ist, wurde die Alternative B mit dem höchsten Nutzwert bewertet. Ausschlaggebend war hierfür die durchwegs positive Erfüllung der gesetzten Kriterien. Der Komplettumbau (Alternative A) mit der Beseitigung der Bedienungstheke fand bei der Geschäftsleitung, im Team und bei den betroffenen Mitarbeitern nur eine eingeschränkte Akzeptanz, da die Trennlinie Besucher – Mitarbeiter aufgehoben worden wäre.

Die Vorgaben gemäß Arbeitsstättenverordnung und Arbeitsstättenrichtlinie bezüglich Verkehrswegen und Funktionsflächen wurden nur in Alternative A optimal erfüllt. Aufgrund des eindeutigen Ergebnisses, wurde für die Alternative B jedoch die Umsetzung beschlossen.

Im anschliessenden Feinplanungsprozess (Detaillayout, Optimale Anordnung zentraler Drucker, zentrales Fax, etc.) wurde die Alernative B aufgrund der Diskussionsergebnisse nochmals überarbeitet und mit den betroffenen Mitarbeitern verabschiedet.

Die geplante Reorganisation wurde zu diesem Zeitpunkt auch der zuständigen externen Sicherheitsfachkraft vorgestellt und erläutert. Die Sicherheitsfachkraft stimmte dem Planungsergebnis zu und bot Unterstützung bei noch auftretenden Fragestellungen.
In der folgenden Darstellung ist das Ergebnis des abschließenden Feinplanungsprozesses zu sehen.

Die Planung wurde in dieser Form im August 2005 in die Realität umgesetzt:

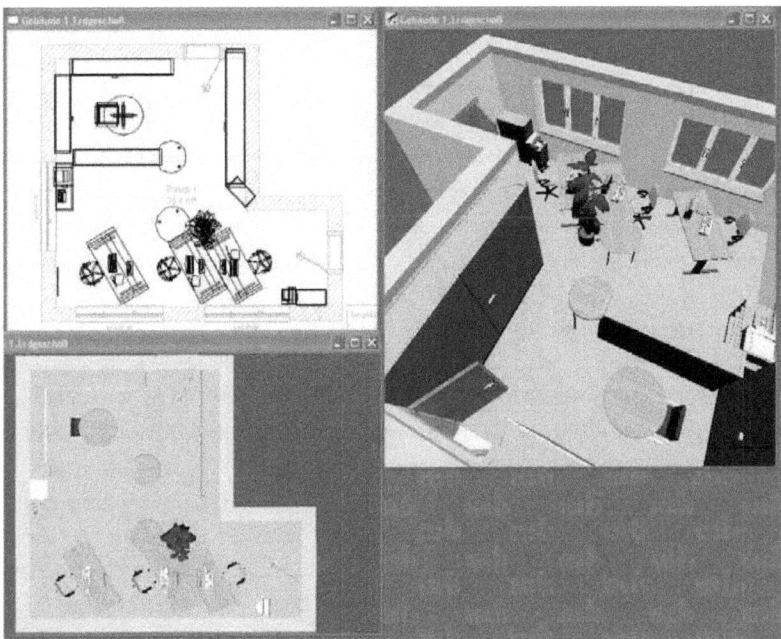

Bild 09: Das Empfangsbüro in der umgesetzten Planungsvariante

Bild 10 + Bild 11: Die neuen Arbeitsplätze im Empfangsbüro

Mit dem neu gestalteten Empfangsbüro wurden im wesentlichen folgende Ziele erreicht:
- Zufriedene Mitarbeiter
- Wesentlich bessere Arbeitsbedingungen
- Eine optimale Kommunikation zwischen den Mitarbeitern im Empfangsbüro
- Individuell angepasste Arbeitsplätze

- Weitgehende Vermeidung störender Umgebungseinflüsse (Reflex- und Direktblendung)
- Einhaltung aller wesentlichen arbeitsschutzrechtlichen Richtlinien und Bestimmungen
- Gute Akzeptanz der Lösung bei allen Beteiligten

Das neu gestaltete Empfangsbüro des Farbenballs wurde einige Tage nach der Wiederinbetriebnahme einer erneuten Gefährdungsermittlung unterzogen. Die vorhandenen signifikanten Gefährdungen waren nicht mehr erkennbar und es wurden auch keine neu auftretenden Gefährdungen ermittelt. Die betroffenen Mitarbeiter sind begeistert von ihren neuen Arbeitsplätzen und die Geschäftsleitung des Farbenballs freut sich über das erfolgreich reorganisierte Empfangsbüro.

6. Schlussfolgerungen für den Betrieb

Die Optimierung der Verwaltungsbüros wurde im Rahmen der Praktikumsaufgabe über den kompletten Handlungskreislauf durchgeführt, einschließlich der Überprüfung der Schutzwirkung. Da ein Arbeitssystem jedoch ein dynamisches System ist, ist durch wiederkehrende Begehungen die Beseitigung von neu auftretenden Gefährdungen sicherzustellen.

Der Maßnahmenplan aus der Beurteilung der Arbeitsbedingungen im Gesamtsystem „Farbenball" konnte im Rahmen der Arbeit nur zum Teil auf Umsetzung und Schutzwirkung überprüft werden. Hier sind wesentliche Elemente der Anforderungen des Arbeitsschutzgesetzes enthalten und der Maßnahmenplan sollte deshalb von der Geschäftsleitung mit hoher Priorität weiterverfolgt werden.

Wie sich im Rahmen der Praktikumsaufgabe gezeigt hat, ist die Durchführung einer Gefährdungsbeurteilung eine für den Farbenball sinnvolle Maßnahme. Die Gefährdungsbeurteilung sollte, wie in §5 des Arbeitsschutzgesetzes vorgeschrieben für alle Arbeitssysteme (Betreuung durch Nachsorgeschwestern, Psychologische Betreuung etc.) durchgeführt werden.

7. Schlussfolgerungen für die Tätigkeit als Fachkraft für Arbeitssicherheit

Wie das Ergebnis der durchgeführten Praktikumsaufgabe gezeigt hat, ist die prospektive Gefährdungsermittlung ein wichtiger Teil der Tätigkeit einer Fachkraft für Arbeitssicherheit. Durch die Einbindung aller Beteiligten in das Projekt konnte ein reorganisiertes Arbeitssystem entstehen, das bereits bei der Umsetzung die begeisterte Mitarbeit der betroffenen Mitarbeiterinnen ermöglichte und eine allgemeine Akzeptanz im Gesamtsystem „Farbenball" fand.

Wie im durchgeführten Projekt zu sehen ist, können auch ohne großen Investitionsaufwand hervorragende Lösungen gelingen.

Wie die Durchführung der Praktikumsaufgabe erkennen lässt, kann die Tätigkeit als Fachkraft für Arbeitssicherheit nicht „so schnell mal nebenbei" durchgeführt werden, sondern erfordert ein umfangreiches Engagement und eine regelmäßige Wissenserweiterung, die auf dem in der Ausbildung zur Fachkraft für Arbeitssicherheit erhaltenem Grundlagenwissen aufsetzt und zur Lösung unterschiedlichster Probleme aus dem Bereich des Arbeitsschutzes befähigt.

Literaturverzeichnis

1) Arbeitsschutzgesetz (9. Auflage 2004),
   Köln-Berlin-München 2004
2) Arbeitsstättenverordnung und Arbeitsstättenrichtlinien (August 2004),
   Bundesanstalt für Arbeitsschutz und Arbeitsmedizin, Dortmund-Berlin-Dresden 2004
3) Büroarbeit – gesund und erfolgreich (Berufsgenossenschaftliche Information 5001)
4) Bildschirm- und Büroarbeitsplätze (Berufsgenossenschaftliche Information 650)
5) Handlungshilfe zur Beurteilung der Arbeitsbedingungen,
   VBG-Info-Map, Hamburg 2005

Technische Fachhochschule
"Georg Agricola" zu Bochum

**Praktikum
im Rahmen der Ausbildung zur
Fachkraft für Arbeitssicherheit**

Arbeitsplatzgestaltung
im Ingenieurbüro

Bericht

erstellt von

Andreas Hesse

Praktikumsbetrieb:

Dr. Hinz & Kunz
Beratende Neurowissenschaftler
und Ingenieure

Strasse 15
12345 Stadt

Zeitraum: Juli 2007 bis September 2007
Abgabedatum: 31.08.2007

Praktikum im Rahmen der Ausbildung zur Fachkraft für Arbeitssicherheit
- Arbeitsplatzgestaltung im Ingenieurbüro – Bericht erstellt von A. Hesse

Abstract

Das im Rahmen der Ausbildung zur Fachkraft für Arbeitssicherheit geforderte Praktikum wurde im Ingenieurbüro Dr. Hinz & Kunz in Dortmund durchgeführt. Aufgrund der raschen Unternehmenserweiterung, die mit Umorganisationen durch Mitarbeiterzuwachs und Erweiterung der Büroflächen einhergeht, besteht ein Handlungsanlass für die Durchführung einer ersten Gefährdungsbeurteilung in den Büroräumen. Im Sinne einer ersten Bestandsaufnahme ist die Gefährdungsbeurteilung nach einer standardisierten Vorgehensweise durchgeführt worden. Aus den Ergebnissen konnten notwendige Maßnahmen hinsichtlich des Arbeits- und Gesundheitsschutzes abgeleitet werden. Mit der Gefährdungsbeurteilung ist der Arbeitsschutz im Unternehmen initiiert worden. Begleitend von einer wachsenden Akzeptanz der Mitarbeiter hinsichtlich eines Sicherheits- und Gesundheitsschutzes, ist die Integration dieser Belange in die bestehende Unternehmensorganisation mittelfristig zu erwarten.

Praktikum im Rahmen der Ausbildung zur Fachkraft für Arbeitssicherheit
- Arbeitsplatzgestaltung im Ingenieurbüro – Bericht erstellt von A. Hesse

Erklärung

Hiermit versichere ich, dass der vorliegende Bericht von mir selbst und ohne andere als die angegebenen Quellen verfasst wurde.

Bochum, 21.08.2007

Andreas Hesse

Praktikum im Rahmen der Ausbildung zur Fachkraft für Arbeitssicherheit
- Arbeitsplatzgestaltung im Ingenieurbüro – Bericht erstellt von A. Hesse

Inhaltsverzeichnis

A) Textteil

Seite

1 Ausgangssituation und Problemstellung 5
   1.1 Beschreibung des Unternehmens 5
   1.2 Handlungsanlass 6
   1.3 Problemstellung 7
   1.4 Erwarteter Nutzen für das Unternehmen 7

2 Zielsetzung 8
3 Vorgehensweise 8
4 Ergebnisse 12
   4.1 Analyse 12
   4.2 Beurteilung 17
   4.3 Setzen von Zielen 19
   4.4 Entwicklung von Lösungsalternativen und Auswahl von Lösungen 20
   4.5 Durch- und Umsetzung der Maßnahmen 21

5 Weiterführende Schlussfolgerungen 22
   5.1 Für das Unternehmen 22
   5.2 Für die Fachkraft für Arbeitssicherheit 22

6 Literatur, Vorschriften, Regelwerke und sonstige Quellen 23

B) Anlagenteil

Anlage 1:   Grundriss
Anlage 2:   Checkliste Gefährdungsbeurteilung (Beispiel)
Anlage 3:   Fragebögen zur subjektiven Einschätzung
Anlage 4:   Ergebnisse der subjektiven Einschätzung
Anlage 5:   Ergebnisse Beleuchtungsniveau

Praktikum im Rahmen der Ausbildung zur Fachkraft für Arbeitssicherheit
- Arbeitsplatzgestaltung im Ingenieurbüro – Bericht erstellt von A. Hesse

1 Ausgangssituation und Problemstellung

Im Rahmen des Masterstudienganges "Betriebssicherheitsmanagement" an der Technischen Fachhochschule "Georg Agricola" zu Bochum wird neben weiteren Qualifikationen die Ausbildung zur "Fachkraft für Arbeitssicherheit" vermittelt.

Ein Bestandteil dieser Ausbildung ist ein individuelles Betriebspraktikum, in dessen Durchführung die bisher erworbenen Qualifikationen zu Sicherheit und Gesundheitsschutz und zu den Aufgaben der Fachkraft für Arbeitssicherheit anhand einer angemessenen Aufgabenstellung in die Praxis umgesetzt werden sollen. Die systematische Bearbeitung von theoretisch erworbenen Handlungsschritten dient dem Praktikanten dabei als Orientierungshilfe für die Praxis.

Das in diesem Bericht beschriebene Praktikum wurde im eigenen Betrieb (1.1) in der Zeit von Juli bis August 2007 durchgeführt

1.1 Beschreibung des Unternehmens

Dr. Hinz & Kunz ist ein Ingenieurbüro beratender Geowissenschaftler und Ingenieure am Standort Dortmund mit derzeit rund 10 Mitarbeitern. Das Ingenieurbüro erbringt überwiegend Dienstleistungen für die Bauwirtschaft und öffentliche Auftraggeber mit den folgenden Schwerpunkten:

- Baugrunduntersuchung und Gründungsberatung
- Umwelt und Altlasten
- Hydrogeologie und Wasserwirtschaft
- Wasserbau
- Geothermie
- Tunnel-, Leitungs- und Verkehrswegebau
- Beweissicherung und Analyse von Bauschäden
- Immissionsschutz (Erschütterungsmonitoring, Lärm, Staub)
- Wertermittlung von bebauten und unbebauten Grundstücken

Seit seiner Gründung vor wenigen Jahren entwickelt sich das Unternehmen insgesamt sehr dynamisch. Entsprechend einer zunehmend steigenden Auftragslage, gewinnt das "Arbeitssystem Ingenieurbüro" an Umfang, so dass sich beispielsweise die Anzahl der beschäftigten Mitarbeiter in den vergangenen zwei Jahren vervierfacht hat. Die Räumlichkeiten sind bisweilen sukzessive angepasst worden. So wurden zusätzliche Räume angemietet um einem gestiegenen Raumbedarf gerecht zu werden.

Das Ingenieurbüro ist durch seine vielfältigen Themenfelder gekennzeichnet. Typisch für die hier Beschäftigten sind die im Rahmen der Projektarbeit immer wiederkehrenden Aufgaben, Erstellen und Bearbeiten von Gutachten und Berichten auf der Basis von technisch-wissenschaftlichen Informationen. Die Informationsbeschaffung beruht dabei zu einem gewissen Anteil auf der Auswertung von technisch erzeugten Daten. So ergeben sich für die Mitarbeiter grundsätzlich die beiden Aufgabenbereiche bzw. Teilarbeitssysteme "Büro" und "Außendienst" mit jeweils wechselnden Anforderungen und Schwerpunkten. Die im "Büro" anfallenden Tätigkeiten sind in erster Linie durch die Nutzung von Bildschirmarbeitsplätzen und der Anwendung der üblichen Datenverarbeitungs-Software gekennzeichnet. Daneben fallen typische Bürotätigkeiten wie Telefonieren, Kopieren, Faxen, Drucken / Plotten, Schneiden, etc. an.

Die Tätigkeiten im "Außendienst" sind überwiegend durch Reisetätigkeit (nah und fern) und den "Vor-Ort-Einsatz" geprägt, bei dem es in erster Linie darum geht, die Projektpraxis auf vielfältige Art und Weise zu begleiten.

1.2 Handlungsanlass

Das im deutschen Recht verankerte Arbeitsschutzgesetz (ArbSchG) fordert die fortwährende Anpassung des Arbeitsschutzes an die Dynamik von Arbeitswelt und Technik und gibt Ziele für den effektiven Arbeitsschutz vor. Auf diese Weise soll dem heutigen Verständnis von "Arbeitsschutz" Rechnung getragen werden, dass neben der reinen Unfallverhütung auch grundsätzlich das Vermeiden von Gesundheitsgefahren bei der Arbeit sowie das Wohlbefinden am Arbeitsplatz umfasst.

Der Arbeitgeber hat als Verantwortlicher für die Umsetzung und Durchführung des betrieblichen Arbeitsschutzes, *"...durch eine Beurteilung der für die Beschäf-*

tigten mit ihrer Arbeit verbundenen Gefährdung zu ermitteln, welche Maßnahmen des Arbeitsschutzes erforderlich sind"[1]. Bei der Beurteilung von Bildschirmarbeitsplätzen hat der Arbeitgeber darüber hinaus die "... Sicherheits- und Gesundheitsbedingungen insbesondere hinsichtlich einer möglichen Gefährdung des Sehvermögens sowie körperlicher Probleme und psychischer Belastung zu ermitteln und zu beurteilen."[2]

Nach kürzlicher Änderung der räumlichen Situation aufgrund der Erweiterung und Umorganisation des Büros mit gestiegener Mitarbeiterzahl soll jetzt eine den neuen Bedingungen entsprechende Gefährdungsbeurteilung durchgeführt werden.

1.3 Problemstellung

Aufgrund dynamischer Marktanpassungen sind teilweise rasche Veränderungen im Unternehmen notwendig, die mit entsprechenden personellen und räumlichen Umorganisationen einhergehen. Eine vorausschauende, arbeits- und sicherheitsgerechte Gestaltung des Büros ist daher auch aufgrund der fehlenden Integration des Arbeitsschutzes in die Betriebsorganisation, bisher nur bedingt und intuitiv verwirklicht worden.

Somit stellt sich das Problem der Notwendigkeit einer raschen und grundlegenden Erfassung möglicher Arbeitschutz- und Sicherheitsdefizite um dem Anspruch eines präventiven Vorgehens im Arbeitsschutz gerecht zu werden.

1.4 Erwarteter Nutzen für das Unternehmen

Die Durchführung einer Gefährdungsanalyse ist für das Unternehmen mit vielfachem Nutzen verbunden. Zum einen führt sie zu einer direkten und kurzfristigen Vermeidung von Arbeitsschutzdefiziten und den damit verbundenen Gesundheitsgefährdungen sowie möglichen negativen Auswirkungen auf die Betriebswirtschaft (Krankenstände!) und Außenwirkung des Betriebes. Zum anderen sind

---

[1] § 5, Abs. 1 ArbSchG (Arbeitsschutzgesetz)

[2] § 3 BildschaV (Bildschirmarbeitsverordnung)

weitere positive Auswirkungen wie Leistungs- und Produktivitätssteigerungen zu erwarten, die oftmals nicht unmittelbar erkennbar sind, aber längerfristig durch

➢ gesunde und zufriedene Mitarbeiter in einer

➢ motivations- und leistungssteigernden Arbeitsumgebung

erreicht werden können.

Über die bisher genannten positiven Auswirkungen einer durchgeführten Gefährdungsbeurteilung hinaus ergibt sich eine Bewusstseinschärfung für den Arbeitsschutz bei Führungskräften und Mitarbeitern und nicht zuletzt die erforderliche Rechtssicherheit für das Unternehmen und den Unternehmer.

2   Zielsetzung

Bei der Festlegung der Praktikumsziele steht grundsätzlich die "Unterstützung des Unternehmers bei der Gestaltung sicherer und gesundheitsgerechter Arbeitssysteme"[3] im Vordergrund. Der Unternehmer soll sich über eine erste Bestandsaufnahme zunächst einmal ein Bild über die möglichen Gefährdungen in seinem Betrieb machen können, um anschließend geeignete Schutzmaßnahmen für die Beschäftigten festlegen und umsetzen zu können. Die Umsetzung der Maßnahmen soll in einer an Mensch, Aufgabe und Technik angepassten Gestaltung von Arbeitsstätte (Büro) und Arbeitsplätzen (Bildschirmarbeitsplätzen) münden. Darüber hinaus sollen die Mitarbeiter für die Belange des Arbeits- und Gesundheitsschutzes sensibilisiert und die Integration des Arbeitsschutzes in die Unternehmensorganisation mittelfristig umgesetzt werden.

3   Vorgehensweise

Die definierten Ziele aus Kapitel 2 sollen über die Durchführung einer ersten Gefährdungsbeurteilung im Rahmen des Praktikums realisiert werden. Die Vorgehensweise bei der Durchführung des Praktikums orientiert sich dabei an dem

---

[3] Aufgabenstellungen der Fachkräfte für Arbeitssicherheit (§ 6 ASiG)

Handlungszyklus für ein "Systematisches Vorgehen der Fachkraft für Arbeitssicherheit"[4].

Die **Analyse** als erster Schritt des Handlungszyklus´ zielt auf die systematische Ermittlung der Gefährdungen ab. Hier werden in einer ersten Bestandaufnahme unter Beteiligung der Mitarbeiter mögliche Gefährdungen im Büro ermittelt. Mit hilfe der vorausschauenden Gefährdungsermittlung werden die vorhandenen Bedingungen daraufhin analysiert,

> ➢ ob Unfälle oder arbeitsbedingte Erkrankungen entstehen können,
> ➢ ob alle Möglichkeiten des Schutzes und der
> ➢ Förderung der Gesundheit ausgeschöpft sind oder
> ➢ noch Defizite vorhanden sind.

Dazu soll zunächst einmal der Arbeitsbereich "Büro" hinsichtlich der Gestaltung von Arbeitsstätte und Arbeitsplätzen erfasst werden. Die Betriebsorganisation mit Blick auf Räumlichkeiten, Betriebs- und Arbeitsmittel und die Menschen mit ihren Arbeitsaufgaben und die sie umgebenden Einflüsse, im Folgenden als "Arbeitssystem" bezeichnet, sollen systematisch erfasst und dokumentiert werden. Eine Beurteilung des Arbeitsbereiches "Außendienst" erfolgt nicht.

Die Erfassung des Arbeitssystems soll insbesondere im Hinblick auf eine sicherheits- und gesundheitsgerechte Gestaltung von Arbeitsstätte und Arbeitsplätzen unter Anwendung der folgenden Methoden und Hilfsmittel durchgeführt werden:

> ➢ Begehung von Arbeitsstätte / Arbeitsplätzen (Grobanalyse)
> ➢ Objektorientierte Gefährungsermittlung [5](Feinanalyse)
> ➢ Checklisten wie z.B. Checkliste "Bildschirmarbeitsplatz"[6]
> ➢ Fragebogen "Subjektive Einschätzung" [7]

---

[4] Teilnehmerunterlagen P01

[5] Unter Berücksichtigung der individuellen Leistungsvoraussetzungen.

[6] Dokumentation der Gefährdungsbeurteilung nach §§ 5,6 Arbeitsschutzgesetz (Bayerisches Landesamt für Gesundheit und Lebensmittelsicherheit, Stand 12/2006).

> Anwendung des "Erklärungsmodells"[8]

Auf die nach den genannten Methoden und Hilfsmitteln durchgeführte Analyse des Arbeitssystems folgt in einem zweiten Schritt die **Beurteilung** der erkannten Defizite (Gefährdungen) hinsichtlich des möglichen Eintritts von Schäden und der möglichen Schwere der Schädigung in Form einer Risikoabschätzung und Risikobewertung. Hierbei soll jede ermittelte Gefährdung einzeln beurteilt werden. Das heißt, das Ausmaß der unfall- bzw. arbeitsbedingten Gesundheitsgefahr (Risiko) wird für jede einzelne Gefährdung abgeschätzt und bewertet, um somit den Handlungsbedarf für Arbeitsschutzmaßnahmen feststellen zu können. Ebenso kann hier festgestellt werden, dass das bestehende Risiko akzeptabel ist und somit Sicherheit, also kein Handlungsbedarf besteht. Es gilt, das größte noch akzeptable Risiko, das sogenannte Grenzrisiko zu ermitteln.

Bei der Beurteilung von Bildschirmarbeitsplätzen ist zu berücksichtigen, dass gleiche Anforderungen für jeden Arbeitsplatz gelten und somit eine Beurteilung für die ganze Gruppe erfolgen kann.

Die Beurteilung kann u.a. mit Hilfe des schon für die Analyse genutzten "Erklärungsmodells" weitergeführt werden. Das zur Anwendung kommende "Hilfsmittel der Wahl" ist aber die sogenannte "Risikomatrix", bzw. das Verfahren nach Nohl.[9],

Nach Beurteilung der Gefährdungen folgt in einem weiteren Handlungsschritt das **Setzen von Zielen** unter Berücksichtigung der gewährleisteten Schutzwirkungen (Ist-Zustand) und der bestehenden Anforderungen an den Arbeits- und Gesundheitsschutz (Soll-Zustand) um die Gestaltung von sicheren und gesundheitsgerechten Arbeitsbedingungen sicherzustellen[10]. Hier können übergeordnete Ziele,

---

[7] ISO 6385 – "Prinzipien der Ergonomie in der Auslegung von Arbeitssystemen", die besagt, dass subjektive Einschätzungen zu berücksichtigen sind.

[8] Bei der vorausschauenden Analyse wird das Erklärungsmodell von oben beginnend bis zur Ebene Gefährdung genutzt.

[9] Nohl, J. und Thiemecke, H., Bremerhaven 1988

[10] "Systemsicherheit"

wie Unternehmens- bzw. Gesamtziele und / oder organisatorische Ziele sowie reine Arbeitsschutzziele festgelegt werden. Da festgelegte Ziele im Allgemeinen unterschiedliche Maßnahmen zu ihrem Erreichen zulassen, soll in einem nächsten Schritt, die **Entwicklung von Lösungsalternativen**, bzw. Lösungsvarianten erfolgen, bei dem prinzipielle Lösungsvarianten im Sinne von technischen, organisatorischen und personenbezogenen Maßnahmen zur Beseitigung der festgestellten Gefährdungen unter Berücksichtigung der Maßnahmenhierarchie sowie der Ziel-Qualitätsebenen entwickelt werden sollen.

Die **Auswahl der Lösung** erfolgt nach dem Durchlaufen eines Entscheidungsfindungs-Prozesses unter Beachtung der Aspekte

- Transparenz,
- Akzeptanz,
- Systematik,
- Nachvollziehbarkeit,
- Wohlüberlegtheit und
- Beteiligung der von der Entscheidung Betroffenen am Entscheidungsprozess

sowie unter Einsatz von Beurteilungsmethoden, u.a. um Fehlentscheidungen hinsichtlich der umzusetzenden Maßnahmen zu vermeiden.

Bei der anschließenden **Durch- und Umsetzung der Lösung** werden Maßnahmen-Entscheidungen aktiv herbeigeführt und entsprechend der Zielvorgaben umgesetzt. In einer abschließenden **Wirkungskontrolle** erfolgt eine Beurteilung hinsichtlich der Erfüllung der Ziele sowie des eventuellen Auftretens neuer Gefährdungen oder anderer ungewollter Wirkungen.

Gegebenenfalls erfolgt bei Bedarf die Zusammenlegung einzelner, oben beschriebener Handlungsschritte.

4 Ergebnisse

4.1 Analyse

Die Durchführung der Gefährdungsbeurteilung umfasst im Rahmen des Praktikums das Arbeitssystem "Ingenieurbüro" mit vier separaten Büros mit insgesamt sechs Bildschirm-Arbeitsplätzen (Abbildung 1) als Teilarbeitssysteme.

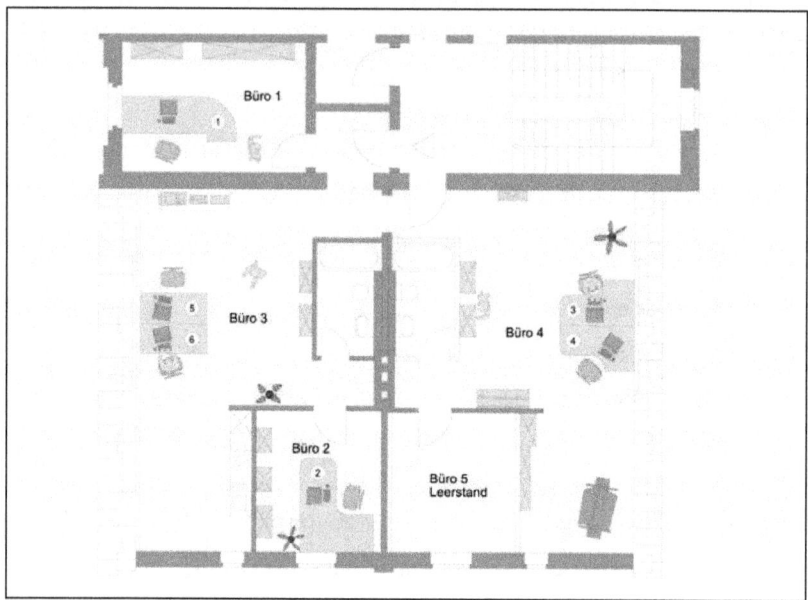

Abbildung 1: Grundriss "Ingenieurbüro" mit Darstellung der räumlichen Büroorganisation

In der Regel sind etwa zwei Mitarbeiter im Außendienst tätig, so dass zumeist vier 4 Personen zeitgleich anwesend sind, die in erster Linie die Arbeitsaufgabe "Erbringen von Beratungs-Dienstleistungen" umsetzen. Je nach Auftragsbedingungen werden die Aufgaben dabei von einzelnen Mitarbeitern oder im Team bearbeitet. Unter Zuhilfenahme von Arbeitsmitteln und der Eingabe von Informationen sowie Betriebs- und Hilfsstoffen entsteht nach Durchlaufen eines Erstellungsprozesses das Ergebnis in Form von Gutachten und Berichten sowie wissenschaftlich / technischer Informationen als Ausgabe. In nachfolgender Tabelle 1 sind das relevante Arbeitssystem und notwendige Teile der Unternehmensorganisation dargestellt.

Tabelle 1: Darstellung des Arbeitssystems "Ingenieurbüro"

Arbeitssystem "Ingenieurbüro"					
Eingabe	Informationen, Betriebs- und Hilfsstoffe (Energie, Papier, Toner, etc.)				
Arbeitsaufgabe	Erbringen von Beratungsdienstleistungen				
Teilarbeitsysteme	**Mensch**				
Büro	Arbeitsplatz	Mitarbeiter	Aufgabe / Funktion		Besonderheiten
1	1	A	Geschäftsleitung		Inhaber
2	2	B	Sachbearbeiter		
4	3	C	Sachbearbeiter		
4	4	D	Sachbearbeiter		
3	5	E	Sachbearbeiter		
3	6	F	Sekretärin		Halbtagskraft
		G	Sachbearbeiter		Außendienst
		H	Praktikant		
Arbeitsmittel					
PC, Notebook, Tastatur, Monitor, Telefon, Faxgerät, Drucker, Kopierer, Plotter					
Ausgabe	Gutachten und Berichte, wiss. / techn. Informationen				

Praktikum im Rahmen der Ausbildung zur Fachkraft für Arbeitssicherheit
- Arbeitsplatzgestaltung im Ingenieurbüro – Bericht erstellt von A. Hesse

Als erster Schritt der Analyse hat zunächst eine Begehung des Büros unter Beteiligung der Mitarbeiter stattgefunden, bei der systematisch mit Hilfe einer geeigneten Checkliste die Büro- und Bildschirmarbeitsplatzelemente unter Berücksichtigung der möglichen Gefährdungsfaktoren analysiert wurden.

Die Begehung ergab alsbald Auffälligkeiten hinsichtlich möglicher visueller sowie physischer und psychischer Belastungen, die Ansatzpunkte für weitere und konkretere Untersuchungen lieferten, wobei neben den einschlägigen Regelwerken wesentlich auf die Erfahrung der einzelnen Mitarbeiter zurückgegriffen werden konnte.

Konkrete Untersuchungen ergaben in erster Linie Defizite bei der vorhandenen Beleuchtung der Arbeits- und Umgebungsbereiche. Die ermittelten Werte in den Büros und an den einzelnen Arbeitsplätzen weisen insgesamt auf ein nicht ausreichendes Beleuchtungsniveau sowie auf ein vermutlich unausgewogenes Leuchtdichteverhältnis hin.

Weiterhin sind Defizite hinsichtlich der Gestaltung an den Bildschirmarbeitsplätzen ermittelt worden. So ist beispielsweise eine ergonomische Gestaltung einzelner Bildschirmarbeitsplätze aufgrund fehlender Verstellmöglichkeit der Tischhöhen nur bedingt möglich. Teilweise finden sich multifaktorielle Gefährdungsfaktoren, die durch das Zusammenwirken von ungünstigen Arbeitsumgebungsbedingungen (Beleuchtung und Klima) und gleichzeitigen physischen Belastungen bei der Bildschirmarbeit auftreten.

Die Ergebnisse, die bei einer anschließend durchgeführten Befragung ermittelt wurden, wiesen in eine ähnliche Richtung. Die Mitarbeiter hatten ihre subjektive Einschätzung und Empfindung zu definierten Wahrnehmungsbereichen anhand eines Fragebogens ausgedrückt, der dazu dienen sollte versteckte Gefährdungen, aufzudecken und weitere Anhaltspunkte für die anschließende Beurteilung hinsichtlich des möglichen Eintritts von Schäden und der möglichen Schwere der Schädigung zu erhalten.

Nach Auswertung der Befragungsergebnisse ergaben sich die in Abbildung 2 dargestellen maßgeblichen Belastungsfaktoren nach subjektiver Einschätzung.

Praktikum im Rahmen der Ausbildung zur Fachkraft für Arbeitssicherheit
- Arbeitsplatzgestaltung im Ingenieurbüro – Bericht erstellt von A. Hesse

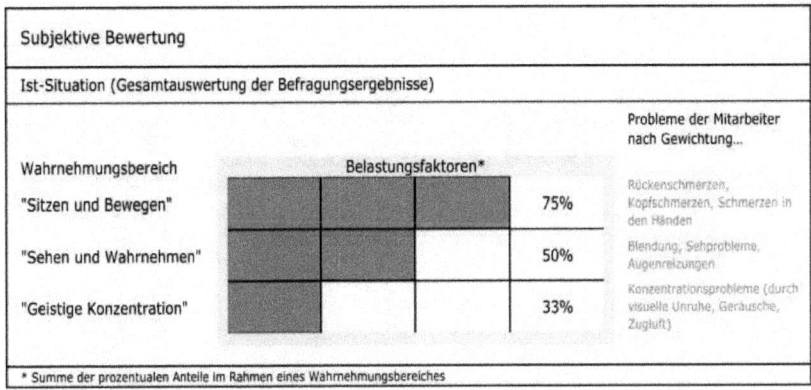

Abbildung 2: Darstellung der maßgeblichen, subjektiven Belastungsfaktoren[11]

---

[11] nach LAUBLE, K.-H.: Vortrag Essener Gesundheitstage – Arbeitssystem Büro, MS Power Point, Denkendorf 2006

Praktikum im Rahmen der Ausbildung zur Fachkraft für Arbeitssicherheit
- Arbeitsplatzgestaltung im Ingenieurbüro – Bericht erstellt von A. Hesse

Tabelle 2: Darstellung Objektorientierte Gefährdungsermittlung

	Gefährdung		Gefährdungsfaktor	Gefahrenquelle (Arbeitsplatz Nr.)	Gefahrbringende Bedingung
1	Visuelle Überbeanspruchung, Beeinträchtigung des Sehvermögens Augenermüdung		Beleuchtung	Arbeitsumgebung, Kein ausreichendes Beleuchtungsniveau, störende Direktblendung Reflexblendung (1,4,5) Ungeeignete / fehlende Jalousien (1, 2, 3,4,5,6)	Mangelnder Einfall von Tageslicht oder Dunkelheit, Intensive Helligkeit durch direkte Sonneneinstrahlung
2	Erkältungen, Befindlichkeitsstörungen		Klima	Arbeitsumgebung Zugluft (1,2,3,4,5,6)	Öffnung gegenüberliegender Fenster, Türloser Durchgang Türen geöffnet
3	Schädigung des Bewegungsapparates und der Herz-Kreislauf-Funktion		Physisch Erzwungene Körperhaltung Häufig wiederkehrender Einsatz kleiner Muskelgruppen	Ungünstige Ausrichtung des Monitors (4,6) Arbeitsplatzgestaltung Nutzung ungeeigneter Arbeitsmittel (Notebook) (1)	Verdrehte Körperhaltung Lange Verweildauer, Keine ausreichende Bewegung
4	Konzentrationsschwäche		Psychisch	Arbeitsumgebung Visuelle Unruhe, Trittgeräusche (3,4,5,6)	Hohe Laufaktivität der Mitarbeiter bei gleichzeitig hoher Anwesenheit Keine Abschirmung der Arbeitsplätze Faxgerät und zentrale Drucker in Büro 3 Keine Trittschalldämmung (Laminatboden)
5	Komplexe Gesundheits-gefährdungen		Multifaktoriell Zusammenwirken mehrerer Faktoren	Arbeitsumgebung Beleuchtungsniveau Arbeitsplatzgestaltung Nutzung ungeeigneter Arbeitsmittel	Zusammenwirken mehrerer zuvor beschriebener Bedingungen

16

4.2 Beurteilung

	Mögliche Schadensschwere			
Wahrscheinlichkeit des Wirksamwerdens der Gefährdung	Leichte Verletzungen oder Erkrankungen	Mittelschwere Verletzungen oder Erkrankungen	Schwere Verletzungen oder Erkrankungen	Möglicher Tod, Katastrophe
Sehr gering	1	2	3	4
Gering	2	3	4	5
Mittel	3	4	5	6
Hoch	4	5	6	7

Maßzahl	Risiko	Beschreibung
1 bis 2	Gering	Risiko akzeptabel
3 bis 4	Signifikant	Reduzierung des Risikos notwendig
5 bis 7	Hoch	Risikoreduzierung dringend erforderlich

Abbildung 4: Risikomatrix (Verfahren nach Nohl)

Nachdem alle ermittelten Gefährdungen hinsichtlich ihres Risikos anhand der Risikomatrix (Verfahren nach Nohl) beurteilt worden sind, konnten drei Gefährdungen für die Mitarbeiter eingegrenzt werden.

Zum Einen besteht ein signifikantes Risiko für eine visuelle Überbeanspruchung und eine Beeinträchtigung des Sehvermögens, zum Anderen ist ein signifikantes Risiko für das Auftreten von Beeinträchtigungen bzw. Erkrankungen des Bewegungsapparates und der Herz-Kreislauf-Funktion vorhanden.

Anhand der Risikobewertung ergab sich in beiden Fällen ein Handlungsbedarf in Form einer notwendigen Risikoreduzierung.

Darüber hinaus besteht eine mögliche komplexe Gesundheitsgefährdung, die sich aus den Wechselwirkungen der ermittelten Gefährdungen ergibt.

Mögliche Gesundheitsgefahren durch visuelle Überbeanspruchung ergeben sich aus der Qualität der Beleuchtung an den Büro- bzw. Bildschirmarbeitsplätzen (Arbeitsbereich) sowie im Umgebungsbereich (siehe Auswertung Beleuchtungsstärke), als auch durch die ungünstige Bildschirmanordnung an einzelnen Arbeitsplätzen (4 und 6), die zu Direktblendungen führt, die durch fehlende bzw. ungeeignete Jalousien noch begünstigt werden.

Tabelle 3: Beurteilung des aufgrund der Gefährdungen bestehenden Risikos

Risikobeurteilung				
Gefährdung	Eintrittswahrscheinlichkeit	Mögliche Schadensschwere	Risiko	Handlungsbedarf
1 Visuelle Überbeanspruchung	Mittel	Leicht	Signifikant	Ja
Beeinträchtigung des Sehvermögens	Mittel	Mittelschwer	Signifikant	Ja
Augenermüdung	Mittel	Leicht	Signifikant	Ja
2 Erkältungen	Gering	Leicht	Gering	Nein
Befindlichkeitsstörungen	Mittel	Leicht	Signifikant	Nein
3 Schädigung des Bewegungsapparates	Mittel	Mittelschwer	Signifikant	Ja
Schädigung der Herz-Kreislauf-Funktion	Gering	Schwer	Signifikant	Ja
4 Konzentrationsschwäche	Gering	Leicht	Gering	Nein
5 Komplexe Gesundheitsgefährdungen	Gering	Mittelschwer	Signifikant	Ja

Die Gesundheitsgefahren hinsichtlich des Auftretens von Erkrankungen des Bewegungsapparates und der Herz-Kreislauf-Funktion ergeben sich vorwiegend aus der Gestaltung der Bildschirmarbeitsplätze und der Verweildauer der Mitarbeiter (langandauernde sitzende Tätigkeit).

Die festgestellten gestalterischen Defizite betreffen in erster Linie die fehlende Höhenverstellmöglichkeit an drei Arbeitstischen (Arbeitsplätze 1, 5 und 6), bei signifikanten Größenunterschieden der Mitarbeiter und die ungünstige Ausrichtung der Monitore an den Arbeitsplätzen 4, 5 und 6. Für die Tätigkeit am Arbeitsplatz 1 wird ausschließlich ein Notebook benutzt. Eine ergonomische Gestaltung des "Bildschirmarbeitsplatzes" ist somit nur bedingt möglich.

Wechselwirkungen können sich aus dem Zusammenwirken von unterschiedlichen Gefährdungsfaktoren ergeben. Einige Mitarbeiter "klagten" über Konzentrationsprobleme, die durch visuelle Unruhe, Trittgeräusche und Zugluft verursacht werden. Für sich genommen erwächst aus diesen Einzel-Gefährdungen noch kein Handlungsbedarf. Beim Zusammenwirken der Faktoren in Kombination mit weiteren Gefährdungen, die das Beleuchtungsniveau und die Gestaltung der Bildschirmarbeitsplätze betreffen, kann sich aber dennoch ein Handlungsbedarf aufgrund des als signifikant eingestuften Risikos komplexer Gesundheitsgefährdungen (siehe Tabelle 3) ergeben.

4.3 Setzen von Zielen

Ziele sind mit der größtmöglichen Reichweite zu formulieren. Sie ergeben sich aus dem notwendigen Handlungsbedarf unter Berücksichtigung der Maßnahmenhierarchie sowie der Durchführbarkeit in betrieblicher und wirtschaftlicher Hinsicht.

Handlungsbedarf besteht in erster Linie hinsichtlich des Beleuchtungsniveaus sowie der Begrenzung von Direkt- und Reflexblendung an den Bildschirmarbeitsplätzen. Weiterer Handlungsbedarf ergibt sich aus den Anforderungen hinsichtliche der ergonomischen Gestaltung von Bildschirmarbeitsplätzen. Dahingehend werden die folgenden Ziele formuliert:

Grobziel:

> ➢ Nachhaltige Verringerung der bestehenden Belastungen bis Dezember 2007

Feinziele:

> ➢ Vermeidung von Beeinträchtigungen des Sehvermögens,
>
> ➢ Vermeiden von Beeinträchtigungen des Bewegungsapparates und der Herz-Kreislauf-Funktion

Darüber hinaus erscheint es sinnvoll, eine mögliche komplexe Gesundheitsgefährdung durch die Vermeidung von

> ➢ Erkältungen,

> Befindlichkeitsstörungen und

> Konzentrationsschwäche

bis Dezember 2007 zu erreichen.

Mit dem Geschäftsleiter und Inhaber sind die formulierten Ziele und die Notwendigkeit von umzusetzenden Maßnahmen umfänglich und intensiv erörtert worden. Die übrigen Mitarbeiter wurden in den nachfolgend beschriebenen Versuch zur Entwicklung von Lösungsalternativen mit einbezogen.

4.4 Entwicklung von Lösungsalternativen und Auswahl von Lösungen

Bei der Diskussion zur Umsetzung der formulierten Ziele und zur Entwicklung von umsetzbaren Maßnahmen bzw. Lösungsalternativen zeigte sich bald die Notwenigkeit der Umsetzung von technischen, organisatorischen und personenbezogenen Maßnahmen. Vorrangig wurden dabei Lösungen zur Vermeidung von Beeinträchtigungen des Sehvermögens gesucht. Hier lag die Lösung in der Umsetzung von technischen Maßnahmen zur Verbesserung der Beleuchtungssituation nahe. Verbesserungen sind demnach durch

> Anordnung aller Bildschirmarbeitsplätze parallel zur Fensterfront (hier sind die Monitore an den Arbeitsplätzen 4 und 6 entsprechend auszurichten),

> Vermeidung von Blendung bzw. störenden Tageslichteinfall durch geeignete, verstellbare Sonnenschutzvorrichtungen und

> Planung einer geeigneten Beleuchtungsanlage durch einen Licht- bzw. Elektroplaner

zu erreichen.

Lösungen zur Vermeidung von Beeinträchtigungen des Bewegungsapparates und der Herz-Kreislauf-Funktion lagen nicht so nahe. Hier musste mehr Überzeugungsarbeit für die Akzeptanz von notwendigen Veränderungen geleistet werden.

Letztendlich wurden hier Lösungsmöglichkeiten in Form von gestalterischen Anpassungen der Bildschirmarbeitsplätze wie

> ➢ Ergonomische Ausrichtung der Monitore und Tastaturen an den Arbeitsplätzen 4 und 6 als Sofortmaßnahme

> ➢ Verwendung von höhenverstellbaren Arbeitstischen, mit spiegelfreier Oberfläche an allen Arbeitsplätzen, an denen sowohl im Sitzen als auch im Stehen gearbeitet werden kann (Hier kann vor allem einer langandauernden erzwungenen Haltung entgegengewirkt werden)

> ➢ Einrichtung eines festen Bildschirmarbeitsplatz im Büro 1 unter Berücksichtigung geeigneter Arbeitsmittel (Monitor, Tastatur und Mouse)

ausgewählt.

Personenbezogene Maßnahmen in Form von Verhaltenshinweisen zur gesundheitsgerechten Nutzung der Bildschirmarbeitsplätze fanden bei den Beteiligten ebenfalls eine grundsätzliche Akzeptanz. Hier sind vor allem Maßnahmen zur Begrenzung der "Sitz- und Schreibzeiten" wie regelmäßige Pausen mit ausreichender körperlicher Bewegung diskutiert und beschlossen worden.

Zusätzlich sind Maßnahmen zur Vermeidung bzw. Entschärfung komplexerer Gesundheitgefährdungen durch die Unterbindung von Zugluft durch den Einbau einer Tür zwischen den Büros 3 und 4 vorgesehen. Vorschläge zur Vermeidung von Trittgeräuschen und visueller Unruhe fanden dagegen keine ausreichende Akzeptanz bei den Beteiligten.

4.5 Durch- und Umsetzung der Maßnahmen

Die Notwendigkeit der Umsetzung eines Großteils der vorgenannten Maßnahmen fand bei den beteiligten Personen, insbesondere bei der Geschäftleitung (Inhaber) eine zeitnahe Akzeptanz. Nach intensiver Darstellung des gesundheitlichen und unternehmerischen Nutzens von Arbeitsschutzmaßnahmen wurde die Umsetzung der vorgesehenen Maßnahmen bis Dezember 2007 von der Geschäftsleitung beschlossen. Der relativ lange Umsetzungszeitraum für die teilweise umfangreichen Maßnahmen besteht aufgrund von Umstrukturierungen, die mit Erweiterungsmaßnahmen einhergehen sollen.

5 Weiterführende Schlussfolgerungen

5.1 Für das Unternehmen

Die nächsten Schritte zur Entwicklung bzw. nachhaltigen Weiterentwicklung des betrieblichen Arbeitsschutzes ergeben sich zunächst einmal aus den für den kommenden Zeitraum von 3 Monaten festgelegten Maßnahmenkatalog zur Verringerung der bestehenden Gesundheitsgefährdungen. Eine geeignete Wirkungskontrolle ist daher erst nach Umsetzung der Maßnahmen möglich und geht somit über den zeitlichen Rahmen des Praktikums hinaus.

Die durchgeführte Gefährdungsbeurteilung ist ein erster Schritt in Richtung der Integration des Arbeitsschutzes in die Unternehmensorganisation. Durch die detaillierte Auseinandersetzung mit Sicherheits- und Gesundheitsbelangen konnten die Mitarbeiter nicht zuletzt durch ihre Einbeziehung in Erhebungen und Entscheidungsfindungen für den Arbeits- und Gesundheitsschutz sensibilisiert werden. Die Voraussetzungen für die vollständige und ganzheitliche Implementierung eines Arbeitsschutzsystems sind daher gegeben.

Darüber hinaus stellt die Gefährdungsbeurteilung die Grundlage für weitere, in den kommenden Monaten aufgrund von erneutem Handlungsbedarf notwendig werdende Gefährdungsbeurteilungen dar.

5.2 Für die Fachkraft für Arbeitssicherheit

Die Vorgehensweise bei der Durchführung der Gefährdungsbeurteilung war aufgrund des Handlungszyklus für ein "systematisches Vorgehen der Fachkraft für Arbeitssicherheit" nachvollziehbar. Die praktische Anwendung im Umgang mit beteiligten Personen und angewandten Methoden hat zur "Erhellung" des Gesamtthemas und zu weitreichenden Erfahrungen geführt, die bei der zukünftigen Entwicklung des betrieblichen Arbeitsschutzes von Nutzen sein werden.

Hinsichtlich der geplanten Unternehmenserweiterung belegen die Erfahrungen, dass die Fachkraft für Arbeitssicherheit rechtzeitig an Veränderungsmaßnahmen beteiligt werden sollte, um präventiv und damit sicher und kostengünstig die Vorschläge für eine arbeits- und gesundheitsschutzgerechte Gestaltung der Unternehmensbereiche unterbreiten kann.

6 Literatur, Vorschriften, Regelwerke und sonstige Quellen

NOHL, J.; THIEMECKE, H.: Systematik zur Durchführung von Gefährdungsanalysen, Teil I: Theoretische Grundlagen. Bremerhaven: Wirtschaftsverlag NW 1988. (Schriftenreihe der Bundesanstalt für Arbeitsschutz Fb 536)

NOHL, J.; THIEMECKE, H.: Systematik zur Durchführung von Gefährdungsanalysen, Teil II: Praxisbezogene Anwendung. Bremerhaven: Wirtschaftsverlag NW 1988. (Schriftenreihe der Bundesanstalt für Arbeitsschutz Fb 542)

LAUBLE, K.-H.: Vortrag Essener Gesundheitstage – Arbeitssystem Büro, MS Power Point, Denkendorf 2006

Gesetze, Verordnungen, Richtlinien

ArbSchG	Arbeitsschutzgesetz (ArbSchG)
BildscharbV	Bildschirmarbeitsverordnung
	Arbeitsstättenrichtlinien:
ASR 5	Lüftung
ASR 7/1	Sichtverbindung nach Außen
ASR 7/3	Künstliche Beleuchtung

Berufsgenossenschaftliche Vorschriften

BGV A1	Grundsätze der Prävention
BGV A4	Arbeitsmedizinische Vorsorge

Regeln der Technik

DIN 5035-7 : 2003	Beleuchtung mit künstlichem Licht: Beleuchtung von Räumen mit Bildschirmarbeitsplätzen
BGI 650	Bildschirm- und Büroarbeitsplätze
BGI 827	Sonnenschutz im Büro
BGI 856	Beleuchtung im Büro
BGI 5001	Büroarbeit – sicher, gesund und erfolgreich

SiFa-Praktikumsbericht

Thema:

| Integration des Arbeitsschutzes in die betriebliche Organisation |

Verfasserin: Annette Funk, Castrop-Rauxel

Ausbildung an der

Technischen Fachhochschule Georg Agricola Bochum

Studiengang: Betriebssicherheitsmanagement

Erstellungszeitraum: 25.08.2007 bis 30.09.2007

Abgabedatum: 02.10.2007

Kurzbericht

Bei der Alpha-GmbH, einem aufstrebenden mittelständischen Unternehmen, wurden in der Vergangenheit mehrfach die Produktionskapazitäten erweitert, wobei es nach der Inbetriebnahme der neuen Maschinen zu Beschwerden und Klagen wegen erhöhter Lärmbelästigung und schlechterem Hallenklima von der Belegschaft gekommen ist.

Anhand der vorgenommenen Gefährdungsbeurteilungen stellt die Fachkraft für Arbeitssicherheit (SiFa) fest, dass bei den Beschaffungen der neuen Maschinen die Arbeitsschutzbestimmungen nicht im erforderlichen Maß berücksichtigt wurden und nunmehr aufwendige Nachbesserungen erforderlich werden. Diese Situation nimmt die SiFa zum Anlass, der Geschäftsleitung zu empfehlen, den Arbeitsschutz als ein gleichberechtigtes Ziel in der Unternehmenspolitik zu verankern und ihn zu einem integralen Bestandteil aller betrieblichen Prozesse zu machen.

Der Geschäftsführer muss feststellen, dass finanzielle Mehraufwendungen für die Sicherstellung der zum Teil gesetzlichen notwendigen Arbeitsschutzmaßnahmen erforderlich sind. Außerdem ist mit finanziellen Einbußen während der Nachrüstungszeiten sowie mit weiteren Folgeschäden zu rechnen. Dies hat den Geschäftsführer von der unerlässlichen Reorganisation der betrieblichen Prozesse mit einer Integration des Arbeitsschutzes überzeugt.

Weil der laufende Produktionsbetrieb aufgrund der guten Auftragslage durch die Organisationsmaßnahmen nicht übermäßig beeinträchtigt werden soll, will man in einem ersten Schritt zunächst die Mindeststandards im Arbeitsschutz anhand eines Maßnahmenkataloges umsetzen. Danach soll eine Konsolidierungsphase erfolgen und in einem dritten Schritt will man aus den Erfahrungen heraus weitergehende Arbeitsschutzziele entwickeln, die über die gesetzlichen Vorgaben hinausgehen.

An der Umsetzung der Ziele sollen alle Mitarbeiter, sofern sie nicht in der Arbeitsgruppe für die Neukonzeption mitwirken, durch Öffentlichkeitsarbeit einbezogen werden. Sie sind aufgerufen, den Erfolg mit zu kontrollieren und gegebenenfalls Verbesserungsvorschläge einzureichen. Zukünftig soll der Arbeitsschutz im Unternehmen "lebt" werden, was sich auch positiv auf die Leistungsbereitschaft der Mitarbeiter auswirken soll.

Inhaltsverzeichnis

1. Situation bei der Alpha-GmbH 4

2. Analysen durch die SiFa 4

3. Beurteilung der Integration des Arbeitsschutzes in die Organisation 6

4. Entwicklung von Zielen 9

5. Entwicklung von Konzepten 11

6. Umsetzung und Wirkungskontrolle 14

7. Weiterentwicklung / Stabilisierung 15

8. Literaturverzeichnis, Vorschriften und sonstige Quellen 16

1. Situation

Die Alpha-GmbH ist ein mittelständisches aufstrebendes Produktionsunternehmen. Aufgrund der guten Auftragslage hat sie mehrfach ihre Produktionskapazitäten erweitert und deshalb neue Produktionsmaschinen gekauft.

Nach der Inbetriebnahme der neuen Maschinen ist es von der Belegschaft zu Beschwerden und Klagen gekommen, weil es in der Produktionshalle unerträglich laut geworden sei. Außerdem hätte sich das Klima in den Produktionshallen verschlechtert; es sei wärmer und stickiger geworden. Deswegen haben sich einige Mitarbeiter, z. T. auch stellvertretend für weitere Kollegen, an ihre Vorgesetzten bzw. an die Geschäftsleitung gewandt.

Der Geschäftsführer beruft daraufhin kurzfristig eine Besprechung mit dem Produktionsleiter ein, lässt sich die Situation erläutern und hinterfragt, ob die Beschwerden der Mitarbeiter berechtigt sein könnten. Der Produktionsleiter berichtet, dass er bereits mit der Fachkraft für Arbeitssicherheit (SiFa) Kontakt aufgenommen hätte und diese in den nächsten Arbeitstagen den Ursachen für die Beschwerden nachgehen wolle.

Der Geschäftsführer vereinbart mit seinem Produktionsleiter, dass man die Untersuchungsergebnisse der SiFa zunächst abwarten und sich danach mit ihr zusammen treffen wolle.

2. Analysen durch die SiFa

Aufgrund der akuten Beschwerden und Klagen und auch aufgrund des Gesprächs mit dem Produktionsleiter nimmt die SiFa Gefährdungsbeurteilungen vor. Sie prüft die Situation in der Produktionshalle einschließlich der dortigen Arbeitsplätze.

- Sie stellt fest, dass die Lärmbelästigung bei voller Produktionsauslastung, d. h. bei gleichzeitigem Betrieb aller Produktionsmaschinen in einigen Bereichen, in dem sich auch Mitarbeiter aufhalten, über den vorgegebenen Grenzwerten liegen.

- Im Produktionsprozess laufen Maschinen, die in bestimmten Abschnitten starke Hitze abstrahlen, sodass sie die Raumluft aufheizen.

- Durch die Bedienung der zusätzlichen Produktionsmaschinen befindet sich mehr Personal in der Produktionshalle. Aufgrund der erhöhten Anzahl der Personen und Maschinen kann nicht sichergestellt werden, dass die Arbeitsplätze der Beschäftigten genügend belüftet werden.

- Außerdem stellt die SiFa fest, dass ausreichend freie Verkehrswege zwischen den einzelnen Produktionseinheiten teilweise nicht gewährleistet sind, sodass es zu Störungen im Produktionsablauf und zu Beinahe-Unfällen gekommen ist.

Die Ergebnisse dieser Analysen hält die SiFa in Untersuchungsprotokollen fest und stellt sie in einem Bericht zusammenfassend dar.

Es stellt sich heraus, dass beim Kauf der Maschinen auf den Arbeitsschutz nicht ausreichend geachtet wurde, weil die SiFa bei den einzelnen Beschaffungsverfahren teilweise nicht hinzugezogen wurde. Zum anderen war ihr auch nicht der Umfang der sukzessiv erfolgten Erweiterungen des Maschinenparks bekannt, der in seiner Gesamtheit die Störungen verstärkt.

Für die Produktion wurden aufgrund der derzeitig guten Auftragslage, und um die Lieferverpflichtungen erfüllen zu können, nach kurzfristiger Einholung von Angeboten die vom Produktionsleiter geforderten zusätzlichen Maschinen nach Abstimmung mit der Geschäftsleitung von der Einkaufsabteilung gekauft. Beim Vergleich der Angebote wurde hauptsächlich nur auf die Leistungsfähigkeit der Maschinen und den Preis geachtet. Anforderungen zum Arbeitsschutz wurden nur unzureichend oder gar nicht in die Leistungsbeschreibungen/Pflichtenhefte aufgenommen und die daraufhin vorgelegten Angebote auch nicht dementsprechend ausgewertet.

Die SiFa listet in ihrem Bericht auf, welche Nachbesserungen an den Maschinen unbedingt erforderlich und welche Veränderungen zur Reduzierung von gesundheitlichen Belastungen empfehlenswert sind. Von der Einkaufsabteilung lässt sie sich Preise für die Nachrüstungen an den verschiedenen Maschinen einholen. In dem Arbeitspapier der SiFa, das sie dem Geschäftsführer und dem Produktionsleiter für die vorgesehene Besprechung unterbreiten will, nimmt sie auch eine voraussichtliche Kostenabschätzung für verschiedene Alternativen auf, damit für alle Beteiligten eine fundierte Gesprächsgrundlage gegeben ist. Das SiFa-Arbeitspapier soll für mehr Planungssicherheit und zur forcierten Umsetzung der besprochenen Maßnahmen beitragen.

3. Beurteilung der Integration des Arbeitsschutzes in die Organisation

Aufgrund der nachträglich durch die SiFa festgestellten Arbeitsschutzmängel sind z. T. aufwendige und zeitraubende Nachrüstungsmaßnahmen erforderlich,

- weil bei der technischen Ausstattung die rechtlichen Anforderungen zum Teil nicht eingehalten wurden und
- weil sonst Gefährdungen bzw. gesundheitliche Beeinträchtigungen für die Beschäftigten auftreten können.

Anhand des Arbeitspapiers stellt die SiFa in der anberaumten Besprechung mit dem Geschäftsführer und dem Produktionsleiter die festgestellten Arbeitsschutzdefizite in Bereich Produktion dar.

Die SiFa greift diese aktuelle und für die Alpha-GmbH nicht untypische Situation auf und führt aus, dass es wichtig wäre, den Arbeitsschutz als ein gleichrangiges Unternehmensziel in der Unternehmenspolitik zu verankern. Der Arbeitsschutz sollte integraler Bestandteil aller betrieblichen Prozesse und ein durchgängiges Leitprinzip sein, das bei allen Abläufen im Unternehmen mit berücksichtigt wird. Die SiFa führt aus, dass bei einer Integration des Arbeitsschutzes sowohl in der Aufbau- als auch in der Ablauforganisation Nachrüstungen und technische Veränderungen in diesem Umfang vermeidbar gewesen wären. Sie appelliert deshalb für ein modernes Arbeitsschutzverständnis und stellt das tradierte und das zeitgemäße Arbeitsschutzverständnis zur Verdeutlichung gegenüber:

Wandel des betrieblichen Arbeitsschutzverständnisses					
Tradiertes Arbeitsschutzverständnis			**Zeitgemäßes Arbeitsschutzverständnis**		
speziell	Vorgehen aus dem Eigenverständnis des Arbeitsschutzes	→	vernetzt		Arbeitsschutz als untrennbarer Bestandteil betrieblicher Aufgaben
additiv	Expertenorientiert	→	integrativ		Anliegen aller Funktionsträger
vorschriftenzentriert	Betriebliches Handeln als Pflichterfüllung	→	unternehmenszentriert		Betriebliches Handeln aus eigenem Unternehmensinteresse
reaktiv	Arbeitsschutzmaßnahmen nach getroffenen betrieblichen Entscheidungen	→	proaktiv		Arbeitsschutz als Mitinitiator zutreffender genereller Entscheidungen
punktuell	Gestaltung von Einzelelementen	→	systemhaft		Gestaltung des Arbeitssystems

Im Folgenden erläutert die SiFa, dass der zeitgemäße Ansatz des Arbeitsschutzes im betrieblichen Management zu verankern ist und in alle Unternehmensführungsprozesse einzufließen hat. Hierzu stellt sie dar, dass der moderne Ansatz des Arbeitsschutzmanagements 10 Kernelemente umfasst, die sie im Einzelnen den Anwesenden erklärt.

Bei der Umsetzung des Arbeitsschutzes in die betriebliche Organisation sollte man sich an den PDCA- bzw. Management-Zyklus orientieren und ihn zur ständigen Verbesserung des betrieblichen Arbeitsschutzes und seiner Organisation heranziehen. Letztlich ist das Unternehmen nach § 3 Abs. 2 Arbeitsschutzgesetz sogar verpflichtet, für eine geeignete Arbeitsschutzorganisation zu sorgen und es muss Maßnahmen des Arbeitsschutzes bei den betrieblichen Führungsstrukturen beachten. Die nachfolgende Abbildung beinhaltet den Managementzyklus als Grundlage mit den entsprechenden Anpassungen für den Arbeitsschutz.

Aufgrund der vorausgegangenen Erfahrungen und den zwischenzeitlich erfolgten Besprechungen mit dem Produktionsleiter und der SiFa sind dem Geschäftsführer die Defizite bei den erforderlichen Maßnahmen zum Arbeitsschutz deutlich geworden. Sie muss feststellen, dass nunmehr im Nachhinein finanzielle Mehraufwendungen für die Sicherstellung der zum Teil gesetzlichen notwendigen Arbeitsschutzmaßnahmen anfallen.

Aus wirtschaftlicher Sicht lehnt sie zukünftig solche Vorgehensweisen, wie sie in der zurückliegenden Zeit aufgetreten sind, ab, denn die Nachrüstung der Maschinen erweist sich teurer, als wenn von vornherein die entsprechenden Ausstattungen mitbestellt worden wären. Zudem fallen durch die Nachrüstung zusätzliche Produktionsausfallzeiten an, die man sich aufgrund der Lieferverpflichtungen nicht leisten kann. Es ist möglich, dass ein mehrfacher Schaden entsteht:

(1) Höhere Kosten durch die spätere Nachrüstung
(2) Ausfall der Produktion während den Nachrüst-Zeiten und
(3) Gefahr, dass Konventionalstrafen fällig werden, weil Lieferverpflichtungen nicht eingehalten werden können.

Ferner kann die SiFa aufzeigen, dass in der letzten Zeit der Krankenstand im Produktionsbereich angestiegen ist und dass andere Kollegen durch die zu übernehmenden Mehrarbeiten unter erheblichem Zeitdruck stehen. Dies wird vom Produktionsleiter bestätigt und er führt aus, dass er manchmal Schwierigkeiten hat, die Arbeiten auf seine Leute aufzuteilen.

Diese suboptimalen Zustände haben den Geschäftsführer überzeugt, dass umfassend gehandelt werden muss. Außerdem hat der Geschäftsführer auf Veranstaltungen für Unternehmer erfahren,
- dass er bei Nichtbeachtung von Vorschriften zum Arbeitsschutz mit nicht unerheblichen Geldbußen rechnen kann;
- dass er bei grob fahrlässig oder vorsätzlich herbeigeführten Arbeitsunfällen von der gesetzlichen Unfallversicherung in Regress genommen wird, wobei sich das Verschulden nur auf das verursachende Handeln oder Unterlassen zu beziehen braucht;
- dass er bei einem Organisationsverschulden, bei falscher Auswahl des Personals oder bei Verletzung der Aufsichtspflichten strafrechtlich verfolgt werden kann.

Die Tragweite der Defizite ist insgesamt so massiv, dass eine Reorganisation mit einer umfassenden Integration des Arbeitsschutzes unabdingbar ist.

4. Entwicklung von Zielen

Nach der Analyse und Beurteilung der Arbeitsschutzdefizite und ihrer wirtschaftlichen und möglichen rechtlichen Konsequenzen hat der Geschäftsführer entschieden, den Arbeitsschutz zukünftig im Sinne eines ganzheitlichen Managements in sämtliche Unternehmensprozesse zu integrieren. Der Arbeitsschutz soll gleichrangiges Ziel neben den anderen Unternehmenszielen, wie Steigerung der Produktivität, Erschließung neuer Absatzmärkte, Erweiterung der Produktpalette u. ä., sein.

Nach mehreren Besprechungen mit seinen Führungskräften, die auch die anderen Unternehmensbereiche vertreten, und der SiFa hat man sich bei der Alpha-GmbH auf folgende Ziele verständigt:

- **Phase I:** Die Integration des Arbeitsschutzes in die betriebliche Organisation innerhalb der nächsten 24 Monate. In diesen 24 Monaten sollen zunächst die vorgegebenen Mindeststandards erarbeitet und integriert werden.

- **Phase II:** Eine 12-monatige Konsolidierungsphase einschließlich begleitender Bewertung und Entwicklung von weitergehenden Zielvorschlägen für die Phase III.

- **Phase III:** Entwicklung und Festsetzung von Arbeitsschutzzielen, die über die gesetzlichen Vorgaben hinausgehen, im anschließenden Zeitraum von 12 Monaten. Phase III wird als Einleitung in den kontinuierlichen Verbesserungsprozess gesehen.

Die Integration des Arbeitsschutzes wird bewusst in drei Phasen angegangen, da bisher im Unternehmen noch nicht einmal die Einhaltung der Mindeststandards sichergestellt war. In der ersten Phase will man neben dem laufenden Geschäftsbetrieb, in einer Arbeitsgruppe und auch in kleineren Untergruppen herausarbeiten, welche Arbeitsschutzanforderungen sicherzustellen sind und wie der Arbeitsschutz effektiv und effizient umsetzbar ist.

Der Arbeitsgruppe sollen neben der SiFa Vertreter aus allen Unternehmensbereichen, Vertreter von der Geschäftsleitung, vom Betriebsrat sowie weitere Betriebsbeauftragte angehören. Es wird Wert darauf gelegt, dass sowohl Führungskräfte als auch Mitarbeiter in diesem Gremium mitwirken, um einen guten Querschnitt des Unternehmens abzubilden.

Die anstehenden Maßnahmen zur Umsetzung des Arbeitsschutzes im Unternehmen sollen in einer Roadmap dargestellt werden, die entsprechend den Entwicklungen und Fortschritten aktualisiert und angepasst werden soll. Die Veröffentlichung der Roadmap soll allen Mitarbeitern über das Intranet zugänglich sein. Sie soll Ziel und Ansporn zugleich sein. Damit sollen auch die Mitarbeiter angesprochen werden, die nicht in der Arbeitsgruppe eingebunden sind. Da die Umsetzung der Arbeitsschutzmaßnahmen ein längerer Prozess ist, sollen sich alle Mitarbeiter im Laufe der Zeit mit der Zielsetzung identifizieren können und sie mit tragen. Zudem soll die Roadmap im Betrieb an zentraler Stelle ausgehängt werden. So können auch Kunden und Lieferanten Einblick in die Arbeitsschutzbestrebungen erhalten und es soll Interesse zur Nachahmung geweckt werden.

Auf 24 Monate für die Phase I hat man sich verständigt, weil der laufende Produktionsbetrieb aufgrund der guten Auftragslage sichergestellt werden muss und die anstehenden Maßnahmen eine zusätzliche Belastung für die Beschäftigten darstellen.

In der Phase II soll mit den integrierten Arbeitsschutzmaßnahmen gearbeitet und ihre praktische Anwendbarkeit geprüft werden. Hierbei auftretende Probleme sollen hinsichtlich ihrer Ursachen untersucht und noch verbleibende Arbeitsschutzdefizite ermittelt werden. Die Probleme sind als neue Zielvorschläge für die Phase III aufzubereiten.

Für Phase III ist zudem geplant, Ziele festzusetzen, die über die gesetzlichen Vorgaben hinausgehen. Im Unternehmen konnten zuvor Erfahrungen mit den gesetzlichen Vorgaben gemacht werden und alle Mitarbeiter wurden mit den Bestimmungen vertraut gemacht. Diese Vorgehensweise soll eine solide Grundlage für weitergehende Arbeitsschutzziele bilden, denn es wird davon ausgegangen, dass sich die Mitarbeiter aufgrund der vorangegangenen Phasen I und II mit möglichen Gefährdungen und Verbesserungsvorschlägen an ihren Arbeitsplätzen aktiv auseinander setzen.

Die Geschäftsleitung ist sich bewusst, dass für die Integration des Arbeitsschutzes in die betriebliche Organisation sowohl Mitarbeiter- als auch finanzielle Ressourcen verbraucht werden, z. B. durch die zeitweise Freistellung von Mitarbeitern für die anstehenden Maßnahmen sowie für zusätzliche Beschaffungen zur Verbesserung des Arbeitsschutzes, ggfs. auch für externe Unterstützungsleistungen im begrenzten Umfang. Die Geschäftsleitung ist bereit, zusätzliche Aufwendungen zu erbringen, da sie auf der anderen Seite davon ausgeht, dass sich Arbeitsschutz mittel- bis langfristig "rechnet", was auch auf den Veranstaltungen für Unternehmer ausgeführt wurde.

Durch die zusätzlichen Maßnahmen für die Sicherheit und Gesundheit und der damit verbundenen Reduzierung der störenden Belastungen am Arbeitsplatz wird mit weniger Ausfällen durch Krankheit und Unfällen gerechnet. Außerdem wird aufgrund der ambitionierten Zielsetzungen von einer Steigerung der Motivation der Mitarbeiter und einer sich daraus ergebenden höheren Leistungsbereitschaft ausgegangen. Diese Erwartungen sollen ebenfalls in die Unternehmenszielsetzungen einfließen.

5. Entwicklung von Konzepten

Aufgrund des Inputs der SiFa in den Besprechungen mit der Leitung sollen in der Phase I die nachfolgenden Einzelmaßnahmen zur Umsetzung des Arbeitsschutzes in der Arbeitsgruppe, ggfs. mit Untergruppen, bearbeitet werden:

Übertragung von Arbeitsschutzpflichten auf die Führungskräfte	Der Arbeitsschutz ist in die Aufbauorganisation zu integrieren. Sie legt fest, wer welche Aufgaben zu erfüllen hat. Nach den gesetzlichen Bestimmungen sind die Arbeitsschutzpflichten dem Unternehmer zugeordnet. Für die Einbindung des Arbeitsschutzes in die Aufbauorganisation sollen den nachgeordneten Führungskräften Verantwortung und Kompetenzen zum Arbeitsschutz schriftlich übertragen werden. Die festzulegenden Inhalte sind für die einzelnen Führungskräfte herauszuarbeiten und in den Stellenbeschreibungen und Arbeitsverträgen zu ergänzen. Mögliche Anforderungen sind z. B.: • Beachtung und Einhaltung der Arbeitsschutzbelange • Vermeidung/Reduzierung von Arbeitsunfällen und arbeitsbedingter Erkrankungen • Zusammenarbeit mit der SiFa und dem arbeitsmedizinischen Dienst der Alpha-GmbH • Erstellung von Gefährdungsbeurteilungen • Durchführung von Unterweisungen • Regelung der Zuständigkeiten im eigenen Organisationsbereich • Durchführung von Kontrollen zum Arbeitsschutz • Auf die persönliche Schutzausrüstung der Mitarbeiter achten • Aufnahme von Qualifikationsanforderungen zum Arbeitsschutz in das Anforderungsprofil zukünftiger Stellenausschreibungen • Eingliederungsmaßnahmen für neue Mitarbeiter sicherstellen • Nachhalten der erforderlichen arbeitsmedizinischen Untersuchungen
Integration des Arbeitsschutzes in die Ablauforganisation	Der Arbeitsschutz muss Bestandteil der betrieblichen Abläufe und Prozesse sein, was anhand von Ablaufbeschreibungen und -Darstellungen, Verfahrensanweisungen, Checklisten, Formularen, Arbeitsanweisungen u. ä., auszuarbeiten ist. Es ist anzugeben, wer in welche betrieblichen Abläufe eingebunden ist und ob derjenige mitzuarbeiten hat, eine Beratungsfunktion hat oder nur informiert zu werden braucht. Die wesentlichen Prozesse sind schriftlich festzuschreiben

	- zur Verbesserung der Transparenz, - als Kontrollinstrumentarium und - zur Darstellung einer gerichtsfesten Organisation.
Einbindung der SiFa in die betrieblichen Prozesse	Die SiFa ist beratend und unterstützend in allen Fragen der Arbeitssicherheit zuständig (ggfs. in Zusammenarbeit mit dem externen arbeitsmedizinischen Dienst der Alpha-GmbH), z. B.: - für regelmäßige und anlassbezogene Begehungen zur Feststellung von Arbeitsschutzmängeln und zur Hinwirkung auf deren Beseitigung, - für die Gefährdungsbeurteilungen der Arbeitsplätze und zur Ermittlung der erforderlichen Arbeitsschutzmaßnahmen. - für die Planung, Ausführung und Unterhaltung von Betriebsanlagen - für die Gestaltung der Arbeitsplätze, Arbeitsabläufe und Arbeitsumgebung einschließlich der entsprechenden Beschaffungen Wie die Erfahrungen aus der Vergangenheit zeigen, wurde die SiFa nicht immer an entscheidender Stelle im Prozess eingeschaltet. Allen Mitarbeitern muss ihre Einbindung in die betrieblichen Abläufe deutlich gemacht werden. Hierzu sollen die Aufgaben der SiFa dargestellt werden und es ist festzuschreiben, wie sie in der Ablauforganisation eingebunden ist. Aufgrund der Möglichkeiten der IT-Technik könnten zum Beispiel Funktionen der SiFa durch ein Workflow-Management in die betrieblichen Prozesse integriert werden. Von der SiFa ist ein Konzept für die Integration ihrer Aufgaben vorzulegen, dass anschließend in das Gesamtkonzept eingebunden und mit den anderen Maßnahmen abgestimmt werden muss.
Qualifizierung der Beschäftigten zum Arbeitsschutz	Durch die bewusste Integration des Arbeitsschutzes in die betriebliche Organisation und in die Ablaufprozesse ist davon auszugehen, dass verstärkt Nachschulungsbedarf, insbesondere bei den Führungskräften, zu dieser Thematik besteht. Deshalb müssen die Arbeitsschutzanforderungen für die jeweiligen Tätigkeiten ermittelt werden und bei festgestelltem Bedarf ist nachzuqualifizieren. Die zusätzlichen Arbeitsschutzanforderungen an die einzelnen Stelleninhaber sind zudem in den Stellenbeschreibungen aufzunehmen und die Arbeitsverträge entsprechend zu ergänzen. Bei zukünftigen Stellenausschreibungen sind Qualifikationen zum Arbeitsschutz in das Anforderungsprofil mit aufzunehmen.
Arbeitsschutzpflichten der Beschäftigten	Die Beschäftigten sind verpflichtet, nach ihren Möglichkeiten sowie gemäß der Unterweisung und Weisung ihrer Führungskräfte für ihre Sicherheit und Gesundheit bei der Arbeit Sorge zu tragen. Im weiteren haben sie u. a. - die Einrichtungen bestimmungsgemäß zu benutzen, - Mängel zu beseitigen bzw. anzuzeigen, - in Abhängigkeit von ihren Aufgaben persönliche Schutzausrüstung zu tragen, - die Erste Hilfe zu unterstützen. Auf der anderen Seite dürfen sie erkennbar gegen die Sicherheit und Gesundheit gerichtete Weisungen nicht befolgen. Da dies vielen Beschäftigten so ausdrücklich nicht bekannt ist, sind sie in geeigneter Form zu belehren.

Vorschriften-verwaltung	In der Vergangenheit hat man festgestellt, dass nicht immer die entsprechenden Vorschriften bzw. ihr aktueller Stand im Hause bekannt ist. Deswegen ist zu erarbeiten, wie dies zukünftig sichergestellt werden kann, sodass der entsprechende Personenkreis zeitnah Zugang zu den aktuellen Vorschriften hat (interne oder externe Lösung).
Auflagenkataster	Es soll ein Kataster erstellt werden, in dem alle Auflagen der Behörden und der Berufsgenossenschaft erfasst und ausgewertet werden. Außerdem ist zu überprüfen, ob und wie sichergestellt wird, dass die Auflagen eingehalten werden, und ob zusätzliche Maßnahmen ergriffen werden müssen.
Maschinen und Anlagen	a) Prüfung Für die Sicherheit der Nutzer sollen die Geräte vor der ersten Inbetriebnahme geprüft und danach in bestimmten Zeitintervallen überprüft werden. Für die Geräte ist festzusetzen, was zu überprüfen ist und ob diese Prüfungen durch eigenes Personal oder durch Fremdfirmen erfolgen soll. Die einzelnen Prüfungen sollen dokumentiert werden (u. a. mit Aufbringung von Prüfaufklebern). b) Beschaffungsverfahren Bei der Auswahl neuer Geräte und Maschinen sollen zukünftig Kriterien berücksichtigt werden, die Anforderungen zum Arbeitsschutz mit umfassen. Hierzu soll ein Kriterienkatalog aufgestellt werden, aus denen Kriterien für die Leistungsbeschreibung / das Pflichtenheft heranzuziehen und die bei der Bewertung der Angebote zu berücksichtigen sind.
Meldung von Arbeitsunfällen und Beinahe-Unfällen	Neben der Erfüllung von Meldepflichten sind die Arbeits- und Beinahe-Unfälle zur Vermeidung von Wiederholungen und für die Ableitung von Arbeitsschutz- und anderer Maßnahmen auszuwerten.
Erste-Hilfe-/Notfall-Organisation	Im Unternehmen wurden einige Mitarbeiter nach Schulungsmaßnahmen zu Ersthelfern bestimmt. Das Personenverzeichnis soll auf seine Aktualität überprüft werden und die Mitarbeiter, die seit mehr als zwei Jahren nicht mehr zu einer Schulung waren, sollen Fortbildungskurse erhalten. Es ist zusätzlich zu prüfen, ob ggfs. eine darüber hinausgehende Aus- und Fortbildung für bestimmte betriebliche Anforderungen angezeigt ist. Im Weiteren soll die Erste-Hilfe-/Notfall-Ausstattung überprüft werden, wie die Erste-Hilfe-Koffer für die Ersthelfer und die Ausstattung des Erste-Hilfe-Raums. Ganz wichtig ist die Aufstellung eines Erste-Hilfe-/Notfall-Organisationsplans und die Durchführung von Notfallübungen.
Arbeitsmedizinische Vorsorgeuntersuchungen	Die arbeitsmedizinischen Vorsorgeuntersuchungen bei der Alpha-GmbH werden extern von einem arbeitsmedizinischen Zentrum durchgeführt. Da sich die geplanten Neustrukturierungen in der Arbeitsschutzorganisation bei der Alpha-GmbH auch auf die arbeitsmedizinischen Belange auswirken, will man das Zentrum in die Reorganisations-Maßnahmen einbeziehen und ihm hierzu einen zusätzlichen Beratungsauftrag erteilen.
Einsatz von Fremdfirmen	Im Zusammenhang mit der Erweiterung des Maschinenparks ist bekannt geworden, dass es zu Störungen im Betriebsablauf und zu Beinahe-Unfällen gekommen ist. Dies hat deutlich gemacht, dass die Fremdfirmen in die Arbeitsschutzziele eingebunden werden müssen, um Gefährdungen und Belastungen der eigenen Beschäftigten sowie

	der Beschäftigten der Auftragnehmer zu verhindern. Zukünftig sind die Fremdfirmen zu Abstimmung der Arbeiten und zur Unterrichtung möglicher Gefährdungen und Belastungen verpflichtet, was in die Vertragsbedingungen aufzunehmen ist. Außerdem sind die Pflichten und Verantwortungsbereiche zwischen der Alpha-GmbH und der Fremdfirma vor Auftragsdurchführung zu klären.
Arbeitsschutz-ausschuss	Im Arbeitsschutzausschuss soll eine gute Kommunikation und Zusammenarbeit gepflegt werden, um schnelle und gemeinsame Lösungen von betrieblichen Arbeitsschutzproblemen zu fördern. Wie bei allen Kommunikationsprozessen wird davon ausgegangen, je besser sich betriebliche Entscheider und Arbeitsschutz-Experten austauschen, desto reibungsloser gelingt die Umsetzung von Arbeitsschutzzielen in der täglichen Praxis. Die Arbeit des Arbeitsschutzausschusses soll für die Beschäftigten transparent gemacht werden, damit dieser einen höheren Stellenwert bekommt und sich die Ausschussmitglieder an der konstruktiven Mitarbeit in diesem Gremium verstärkt verpflichtet fühlen.
Betriebsbeauftragte	Im Zusammenhang mit den Neustrukturierungen ist das bisherige Beauftragtenwesen zu evaluieren und zu überarbeiten. Es ist zu ermitteln, • welche Beauftragten derzeit im Unternehmen agieren und welche Beauftragte zukünftig bestellt sein sollten und • wie die Beauftragten untereinander und mit den anderen Akteuren des Arbeitsschutzes (SiFa, Führungskräfte mit Arbeitsschutzaufgaben u. a.) kooperieren sollen.

6. Umsetzung und Wirkungskontrolle

Durch die Klagen der Belegschaft, durch die Gespräche zwischen dem Geschäftsführer, dem Produktionsleiter und der SiFa wird die Integration des Arbeitsschutzes in die betriebliche Organisation schon in einem frühen Stadium Thematik im Unternehmen, was durch die initiierte Öffentlichkeitsarbeit auf das gesamte Unternehmen ausgeweitet wird. Da auch Mitarbeiter ohne Führungsaufgaben im Arbeitskreis mitwirken, geht man von einem gewünschten aktiven Informationsaustausch und einem sich etablierenden, bewussten Arbeitsschutzhandeln in der gesamten Belegschaft aus. (Vor diesem Hintergrund erübrigt sich der Schritt 5 "Einbringen der Vorschläge" nach dem Schema der 7 Handlungsschritte.)

Durch die Öffentlichkeitsarbeit kann jeder Mitarbeiter den Erfolg der Maßnahmen kontrollieren und Verbesserungsvorschläge einreichen. Arbeitsschutz muss im Unternehmen "gelebt" werden. Insbesondere die Führungskräfte mit Arbeitsschutzverantwortung sind berufen, ein Vorbild für die Mitarbeiter zu sein und auch verpflichtet einzugreifen, wenn der Arbeitsschutz von den ihren Mitarbeitern nicht beachtet wird.

Am Ende jeder Phase ist der Umsetzungsstand des Arbeitsschutzes zu bewerten und zu dokumentieren. Zudem soll der jeweilige Stand des Umsetzungserfolges zwischendurch zur Information aller Mitarbeiter grafisch dargestellt werden, z. B. entsprechend nachfolgendem Muster.

Maßnahmen	umfassend erfüllt (5)	weitgehend erfüllt (4)	teilweise erfüllt (3)	punktuell erfüllt (2)	nicht erfüllt (1)
Übertragung von Arbeitsschutzpflichten auf Führungskräfte					•
Integration des Arbeitsschutzes in die Ablauforganisation				•	
Einbindung der SiFa in die betrieblichen Prozesse			•		
Qualifizierung der Beschäftigen zum Arbeitsschutz					
Arbeitsschutzpflichten der Beschäftigten			•		
Vorschriftenverwaltung				•	
... usw. ...					
Gesamtbewertung				•	

Die erreichten Ergebnisse sind Ansporn für einen sich anschließenden kontinuierlichen Verbesserungsprozess im Unternehmen. Einerseits wird der erreichte Zustand dokumentiert und mit den gesetzten Zielen abgeglichen. Zum anderen sind aus den Ergebnissen Ziele für die nächste Umsetzungsphase und auch für die Zeit nach der Phase III abzuleiten.

7. Weiterentwicklung / Stabilisierung

Zur Stabilisierung der geplanten Arbeiten trägt bei, dass die Umsetzung bei der Alpha-GmbH in drei Phasen eingeteilt wurde. Die jeweils folgende Phase festigt die vorangegangene Phase.

Außerdem soll auf die kontinuierliche Weiterentwicklung der angestoßenen Prozesse sowie auf die notwendigen Anpassungen an die äußeren Rahmenbedingungen der Alpha-GmbH geachtet werden. Über die mögliche Einführung von Audits sind im Unternehmen noch keine Aussagen getroffen worden.

Literaturverzeichnis, Vorschriften und sonstige Quellen

Lerneinheit P 29	Grundverständnis vom Arbeitsschutzmanagement
Lerneinheit P 30	Integration von Sicherheit und Gesundheitsschutz in die betriebliche Aufbauorganisation
Lerneinheit P 31	Einordnung des Arbeitsschutzes in die betriebliche Ablauforganisation
Lerneinheit P 32	Kontinuierlicher Verbesserungsprozess der Organisation des Arbeitsschutzes
Lerneinheit P 42	Einordnung des Arbeitsschutzes in die betriebliche Organisation (Lernwerkstatt zum Arbeitsschutzmanagement)
Lerneinheit S 30	Anforderungen an die Integration des Arbeitsschutzes in das betriebliche Management

o o o

Gesetz über die Durchführung von Maßnahmen des Arbeitsschutzes zur Verbesserung der Sicherheit und des Gesundheitsschutzes der Beschäftigten bei der Arbeit (Arbeitsschutzgesetz – ArbSchG)

Gesetz über Betriebsärzte, Sicherheitsingenieure und andere Fachkräfte für Arbeitssicherheit (ASiG)

BG-Vorschrift Grundsätze der Prävention BGV A 1

BG-Regel Grundsätze der Prävention BGR A 1

o o o

Barth, M.: Analyse der betrieblichen Praxis der Gefährdungsbeurteilung nach dem Arbeitsschutzgesetz - Zusammenstellung bewährter Praxisbeispiele; Bundesanstalt für Arbeitsschutz und Arbeitsmedizin, Dortmund / Berlin, 2002

BUK - Bundesverband der Unfallkassen (Hrsg.): Aufgaben, Pflichten, Verantwortung und Haftung im innerbetrieblichen Arbeitsschutz, GUV-I 8563, München, Ausg. Sept. 2002

BUK - Bundesverband der Unfallkassen (Hrsg.): Organisation des Arbeitsschutzes, GUV-I 18631, München, Ausg. Okt. 2005

HVBG - Hauptverband der gewerblichen Berufsgenossenschaften (Hrsg.): Analyse der Arbeit im Arbeitsschutzausschuss, Mainz, März 2007

Praktikumsbericht „Gefährdungen in der Gastronomie"

Werner Körner

Gefährdungen in der Gastronomie
insbesondere
die Gefahr der Gasansammlung

von

Werner Körner

Praktikumsbetrieb: Gaststätte „Imagination"

Mentor: N.Obody

Ansprechpartner: _____
(seitens des Ausbildungsträgers)

Ausbildungsträger: _____

Erstellung und Abgabe: Oktober 2007

Praktikumsbericht „Gefährdungen in der Gastronomie"

Werner Körner

Abstract

In dieser Ausarbeitung wird auf die Gefährdung durch Gasansammlung in Betriebsräumen von gastronomischen Objekten eingegangen, um aus einer Vielzahl von Gefährdungen die seltenste – aber die bei Behörden und Getränkelieferanten gefürchtetste Art von Gefährdungen in der Gastronomie zu beleuchten.

Seit 1990 wird und wurde in der durch die Betriebssicherheitsverordnung abgelösten Getränkeschankanlagenverordnung (SchankV) und den dazugehörigen technischen Regeln (TRSK) die sich jetzt zu großen Teilen in der BGR 228 wiederfinden, auf dieses Thema und die abwehrenden Maßnahmen eingegangen.

Die Akzeptanz der vorgeschlagenen Maßnahmen in der Gastronomie ist weit überdurchschnittlich gering. Auf die möglichen Gründe wird im Nachfolgenden eingegangen.

Am Beispiel der fiktiven Gaststätte „Imagination" wird die Situation und Problematik eingehend erläutert. Die Gaststätte entspricht in der angenommenen Größe und der Anzahl der Beschäftigten etwa 2/3 aller bei der BGN versicherten gastronomischen Betriebe.

Dabei soll deutlich werden, dass die **Gestaltung von Arbeitssystemen** in der Gastronomie nur durch qualifizierte Betreuung und beherzte Umsetzung zu erreichen ist.

Die Implementierung eines **Arbeitsschutzmanagementsystems** ist nicht unvorstellbar, wird aber durch hohe Fluktuation und die nur mittel- bis langfristig mögliche Umsetzung erschwert.

Objektbeschreibung

Die Szene-Gaststätte „Imagination" besteht aus einem Gastraum (60 m^2), dem Thekenbereich (4 m^2), dem Küchenbereich (8 m^2), den dazugehörigen Toilettenanlagen und einem im Kellergeschoss befindlichen Getränkekühlraum (12 m^2) mit kleinem Vorraum (4 m^2).

Die Öffnungszeiten sind Mittwoch bis Montag von 17:00 Uhr bis 01:00 Uhr, Dienstag ist Ruhetag.

In der Küche werden vorwiegend Snacks produziert, in der Regel Halbfertigprodukte, die in der Friteuse, der Mikrowelle oder im Ofen erwärmt werden.

Es befinden sich 4 Biersorten im Anstich, alle anderen Getränke werden aus Flaschen ausgeschenkt.

Die Gasversorgung für das Fassbier erfolgt über eine 10 kg CO_2-Flasche mit einem an der Gasflasche direkt angebrachten Druckminderer im Vorraum und 4 Zwischendruckreglern im Getränkekühlraum. Die Reinigung der Getränkeschankanlage erfolgt im 2-wöchigen Rhythmus am Ruhetag durch einen externen Getränkeleitungsreiniger.

Praktikumsbericht „Gefährdungen in der Gastronomie"

Werner Körner

Inhaltsverzeichnis

Abstract
Objektbeschreibung
Inhaltsverzeichnis
Analyse
    Mechanische Gefährdungsfaktoren
    Elektrische Gefährdungsfaktoren
    Thermische Gefährdungsfaktoren
    Arbeitsumgebungsbedingungen
    Strahlungen
    Brände, Explosionen
    Gefahrstoffe
    Biologische Gefährdungen
    Physische Belastung/Arbeitsschwere
    Menschen
    Tiere
    Zusammenwirken mehrerer Gefährdungen
Weitergehende Analyse zum Thema „Gefährdung durch Gasansammlung"
    Wann tritt eine Gefährdung oder unzulässige Belastung der Mitarbeiter ein?
    Wo kann mit einer Gefährdung oder unzulässige Belastung der Mitarbeiter gerechnet werden?
    An **welchen** Stellen im System tritt der Schaden (Leckage) auf?
    Wo ist die Gefahr der Gasansammlung am größten?
    Wie viel Gas kann sich im schlimmsten Fall in den Räumlichkeiten sammeln?
    Wer kann gefährdet werden?
Beurteilung
Entwicklung von Zielen
Entwicklung von Konzepten
Einbringung der Vorschläge
Durch- und Umsetzung der Maßnahme / Einleiten der Änderungen / Wirkungskontrolle
Schlussfolgerung
Literatur / Quellenangabe
Bestätigung

Praktikumsbericht „Gefährdungen in der Gastronomie"

Werner Körner

Analyse

Im Folgenden werden bei der Gefährdungsermittlung die Gefährdungsfaktoren mit ihren Gefahrenquellen und Entstehungsbedingungen (gefahrbringende Bedingungen) identifiziert. Dabei wird – auch um die in der Praxis häufig „vergessenen" Gefährdungen aufzuzeigen – der Gefährdungsfaktorenkatalog in Gänze verwendet um zumindest je ein Beispiel aufzuführen. Nicht identifizierte Gefährdungsfaktoren werden nicht benannt.

Mechanische Gefährdungsfaktoren

Bewegte Teile

Gefahrenquelle	Gefahrbringende Bedingung	Gefahr / nicht akzeptables Risiko
Aufschnittmaschine	- Verwendung ohne Restehalter - offenes Messer nach Zerlegen beim Reinigen - etc.	Schnittverletzungen

Unkontrolliert bewegte Teile

Gefahrenquelle	Gefahrbringende Bedingung	Gefahr / nicht akzeptables Risiko
Bierfässer	- mehrfach Stapel - Stapeln von Fässern ohne Stapelrand	Klemmen, Quetschen, Herabfallen von schweren Teilen (> 30 kg)

Sturz auf der Ebene, Ausrutschen, Stolpern, Umknicken

Gefahrenquelle	Gefahrbringende Bedingung	Gefahr / nicht akzeptables Risiko
Fußboden Getränkekühlraum	- feuchter und rutschiger Untergrund durch mangelhafte Reinigung oder fehlendes Gefälle zum Abfluss	Ausrutschen / Stürzen

Praktikumsbericht „Gefährdungen in der Gastronomie"

Werner Körner

Elektrische Gefährdungsfaktoren
   Gefährliche Körperströme

Gefahrenquelle	Gefahrbringende Bedingung	Gefahr / nicht akzeptables Risiko
Alle Elektrogeräte, die zum Zwecke der Reinigung zerlegt werden müssen	- Reinigung ohne Trennung von der Stromversorgung - Beschädigung am Gerät, (insbesondere Risse am Gehäuse, die Feuchtigkeit einlassen)	Elektrischer Schlag

Thermische Gefährdungsfaktoren
   Heiße Medien / Oberflächen

Gefahrenquelle	Gefahrbringende Bedingung	Gefahr / nicht akzeptables Risiko
Friteuse	- Flüssigkeitsspritzer ins Fettbecken führen zu Fettspritzern – Überkochende Kochtöpfe – Sprinkleranlage – zu nasses Frittiergut – zu schnelles Einbringen des Frittiergutes – Hineinfallen von wasserhaltigen Gegenständen,	Fettexplosion oder zumindest Verbrühungen durch heiße Fettspritzer

Arbeitsumgebungsbedingungen
   Klima (Hitze, Kälte, Zugluft, Luftfeuchtigkeit)

Gefahrenquelle	Gefahrbringende Bedingung	Gefahr / nicht akzeptables Risiko
Arbeitsplatz „Service"	- ständiger Klimawechsel (Biergarten-> klimatisierter Innenraum)	Erkältung ? Rheuma ? etc.

   Beleuchtung

Gefahrenquelle	Gefahrbringende Bedingung	Gefahr / nicht akzeptables Risiko
Arbeitsplatz „Service"	- „romantische" Beleuchtung	Stolpern, Stürzen, Überanstrengung der Augen

Praktikumsbericht „Gefährdungen in der Gastronomie"

Werner Körner

Arbeiten in feuchtem Millieu

Gefahrenquelle	Gefahrbringende Bedingung	Gefahr / nicht akzeptables Risiko
Arbeitsplatz „Küche"	- Tragen von flüssigkeitsdichten Handschuhen, andere Feuchtarbeiten (z.B. Salatputzen)	Reizung und/oder Schädigung der Haut

Vibration/Schall
Lärm

Gefahrenquelle	Gefahrbringende Bedingung	Gefahr / nicht akzeptables Risiko
Arbeitsplatz „Service"	- laute Musik	Schädigung des Gehörs

Strahlungen
infrarote Strahlung

Gefahrenquelle	Gefahrbringende Bedingung	Gefahr / nicht akzeptables Risiko
Arbeitsplatz „Küche"	- längere, räumliche Nähe zu Grill und Warmhaltevorrichtungen	Reizung und/oder Schädigung der Haut, Verbrennungen

Brände, Explosionen
Brandgefährdung durch Feststoffe, Flüssigkeiten, Gase

Gefahrenquelle	Gefahrbringende Bedingung	Gefahr / nicht akzeptables Risiko
Friteuse	- Überhitzung von Fett	Brand

Gefahrstoffe
Flüssigkeiten

Gefahrenquelle	Gefahrbringende Bedingung	Gefahr / nicht akzeptables Risiko
Reinigungs- /Desinfektionsmittel	- Kontakt zu Haut und/oder Augen	Reizung und/oder Schädigung der Haut/Augen, Verätzungen

Gase

Gefahrenquelle	Gefahrbringende Bedingung	Gefahr / nicht akzeptables Risiko
Schankgas CO_2	- Leckage in Verbindung mit Ansammlung des Gases in gefährlicher Konzentration	Erstickung (dieses Thema soll in den anschließenden Kapiteln weiter betrachtet werden)

Praktikumsbericht „Gefährdungen in der Gastronomie"

Werner Körner

Nebel, Dämpfe

Gefahrenquelle	Gefahrbringende Bedingung	Gefahr / nicht akzeptables Risiko
Grillreinigungsmittel	Verwendung bei: - noch heißem Grill - ohne geeignete PSA - ohne geeignete Hilfsmittel (Sprühlanze)	Reizung und/oder Schädigung der Haut/Augen, Verätzungen

Biologische Gefährdungen

Infektionsgefahr durch Mikroorganismen und Viren

Gefahrenquelle	Gefahrbringende Bedingung	Gefahr / nicht akzeptables Risiko
Arbeitsplatz „Kühlraum"	- Ansammlung von Schimmel in Nähe des Verdampfers, Sporenbildung, Verteilung in der Luft über Ventilation	Allergie, je nach Organismus (z.B. Aspergillus flavus) auch Organschädigung (auch krebserzeugende Vermutung)

Physische Gefährdungsfaktoren

Physische Belastung/Arbeitsschwere

    Schwere dynamische Arbeit

Gefahrenquelle	Gefahrbringende Bedingung	Gefahr / nicht akzeptables Risiko
Arbeitsplatz „Kühlraum"	- manuelle Handhabung von Bierfässern (Umschichten, first-in/first-out, Anstich)	Schädigung des Skelettapparates

Psychische Belastungen

    Aufmerksamkeit

    Verantwortung

    Schichtarbeit

    Teamarbeit/ Einzelarbeit

    Kommunikation

    Räumliche Enge

Gefahrenquelle	Gefahrbringende Bedingung	Gefahr / nicht akzeptables Risiko
Arbeitsplatz „Service"	- geringe Personalstärke bei Vollbelegung	Stress

Praktikumsbericht „Gefährdungen in der Gastronomie"

Werner Körner

Menschen

Gefahrenquelle	Gefahrbringende Bedingung	Gefahr / nicht akzeptables Risiko
Arbeitsplatz „Service"	- sexuelle Belästigung	Stress, psychische Belastung
	- „Zechpreller"	Stress, psychische Belastung, physische Gewalt

Tiere

Gefahrenquelle	Gefahrbringende Bedingung	Gefahr / nicht akzeptables Risiko
Arbeitsplatz „Service" (z.B. Biergarten)	Bissiger Hund,	Hundebiss, Trauma
	Bienen, Wespen, etc.	Insektenstich, allergische Reaktion,

Zusammenwirken mehrerer Gefährdungen

Gefahrenquelle	Gefahrbringende Bedingung	Gefahr / nicht akzeptables Risiko
Arbeitsplatz „Gastronomie"	geringe Personalstärke, Personalunion, ungenügende Kenntnisse der möglichen Gefährdungen, fehlende Unterweisungen	Siehe oben !

Praktikumsbericht „Gefährdungen in der Gastronomie"

Werner Körner

Weitergehende Analyse zum Thema „Gefährdung durch Gasansammlung"

Wann tritt eine Gefährdung oder unzulässige Belastung der Mitarbeiter ein?

Sachdienliche Information zum Thema entnehme ich der BGR 122

CO_2 –Anteil in der Atemluft	Gefährdung und Auswirkung bei zunehmender CO_2-Einwirkung
ca. 0,5 - 1 Vol.-%	Bei nur kurzzeitiger Einatmung generell noch keine besonderen Beeinträchtigungen der Körperfunktionen.
ca. 2 - 3 Vol.-%	Zunehmende Reizung des Atemzentrums mit Aktivierung der Atmung und Erhöhung der Pulsfrequenz.
ca. 4 - 7 Vol.-%	Verstärkung der vorgenannten Beschwerden; zusätzlich Durchblutungsprobleme im Gehirn, Aufkommen von Schwindelgefühl, Brechreiz und Ohrensausen.
ca. 8 - 10 Vol.-%	Verstärkung der vorgenannten Beschwerden bis zu Krämpfen und Bewusstlosigkeit mit kurzfristig folgendem Tod.
über 10 Vol.-%	Tod tritt kurzfristig ein

Die Raumluftkonzentration von CO_2 darf zu keiner Zeit 3 % überschreiten.
Dieser Wert ist mit der BGN abgestimmt. Der in ehemaligen Normen gültige MAK-Wert von 0,5% ist hier nicht anzuwenden, da es sich bei dieser Betrachtung um einen „unerwünschten Zwischenfall" und nicht um ständige Arbeitsbedingungen handelt.

Wo kann mit einer Gefährdung oder unzulässige Belastung der Mitarbeiter gerechnet werden?
Überall dort, wo das Schankgas aus dem geschlossenen System austreten (Leckage) und sich ansammeln kann. Erfahrungsgemäß sind dies der Aufstellungsort der Gasflasche (ca. 10%) und der Getränkelagerraum (ca. 90%). Dies ist definitionsgemäß der Raum, in dem die Getränkebehälter angeschlossen werden.

An **welchen** Stellen im System tritt der Schaden (Leckage) auf?
Leckagen treten am häufigsten nach Arbeiten an druckführenden Teilen auf. Dies betrifft:
1. die Verbindung zwischen Gasflasche und Druckminderer (Gasflaschenwechsel)
2. das Sicherheitsventil (spricht bei unzulässig hoch eingestelltem Betriebsdruck an)
3. den Zapfkopf (Leitungsanschlussteil) bei jedem Fasswechsel
4. den Zapfkopf bei Reinigungsarbeiten

Praktikumsbericht „Gefährdungen in der Gastronomie"

Werner Körner

Da eine Gasflasche für ca. 50 Fässer ausreicht und deshalb im Durchschnitt nur 6-mal im Jahr gewechselt werden muss, und der einmal eingestellte Betriebsdruck nicht verändert werden sollte, ist es weniger wahrscheinlich, dass an der Gasflasche oder am Druckminderer eine Leckage entsteht. Ein Neuanstich von Fässern kommt dagegen täglich vor, die Reinigung mindestens 14-tägig. Hier liegt die Wahrscheinlichkeit einer Leckage um ein Vielfaches höher.

Wo ist die Gefahr der Gasansammlung am größten?
In Räumen die schlecht oder gar nicht belüftet werden. Dies können alle Räumlichkeiten sein, besonders anfällig sind aber Kellerräume und Kühlräume. Die Berechnung der möglichen Gasansammlung muss für beide Räume durchgeführt werden!

Wie viel Gas kann sich im schlimmsten Fall in den Räumlichkeiten sammeln?
Es befindet sich eine CO_2-Flasche mit 10 kg CO_2 im Anschluss. Bei einer (für diese Rechnung ausreichend genauen) Dichte von 2 kg/m³ ergibt sich daraus ein Gasvolumen von ca. 5 m³.
Das Raumvolumen des betrachteten **Vorraumes** liegt bei 4 m² Grundfläche * 2 m Höhe = 8 m³
Die mögliche Konzentration bei fehlender Belüftung liegt deshalb bei 5 m³/8 m³ * 100% = 62,5 %
Das Raumvolumen des **Getränkekühlraums** liegt bei 20 m² Grundfläche * 2 m Höhe = 40 m³
Die mögliche Konzentration bei fehlender Belüftung liegt deshalb bei 5 m³/40 m³ * 100% = 12,5 %

Wer kann gefährdet werden?
Alle Beschäftigten, die in den Kellerräumen zu tun haben. Dazu gehören neben dem Zapfpersonal das die Behälter wechselt auch der Getränkelieferant der die Fässer in den Keller bringt und der Schankanlagenreiniger. Überwachungsorgane der öffentlichen Ordnungsbehörden oder der Lebensmittelüberwachung sind ebenfalls gefährdet.

Praktikumsbericht „Gefährdungen in der Gastronomie"

Werner Körner

Beurteilung

(Von den auf den Seiten 4 ff festgestellten Gefährdungen wird im Nachfolgenden die Gefährdung durch Gasansammlungen näher betrachtet und beurteilt.)
Durch die Berechnung wurde festgestellt, dass die gefahrbringende Bedingung sowohl im Vorraum als auch im Getränkekühlraum tatsächlich zur Gefährdung führt. Die festgestellten Ursachen (Leckage durch "handling" an und mit den Objekten) sollen schon aus Kostengründen vermieden werden und treten deshalb nicht häufig auf, sind aber auch nicht auszuschließen.
Das **Risiko** ist aufgrund der Höhe des zu erwartenden Schadens (Tod) auch bei eher niedriger Wahrscheinlichkeit als hoch einzustufen.
Das Unternehmensziel „sicherer Arbeitsplatz" kann nur durch geeignete Maßnahmen (T-O-P) erreicht werden.

Entwicklung von Zielen

Ziel der zu treffenden Maßnahme muss sein, die Gefahr von gefährlichen Gasansammlungen dadurch zu vermeiden, das entweder keine Schankgase mehr eingesetzt werden, deren mögliche Ansammlung durch geeignete Lüftungsmaßnahmen vermieden werden oder zumindest vor dem Vorhandensein von Gasansammlungen gewarnt wird.

Entwicklung von Konzepten

1. Umstellung von Fassbier auf Flaschenbier
   Hier ist sowohl der bisherige Umsatz als auch die vorhandene Kühlkapazität zu berücksichtigen. Es kann im Einzelfall qualitativ wesentlich besser sein, Flaschenbier auszuschenken. Bei geringem Bierumsatz, wäre dies das Mittel der Wahl. Neben technischen Maßnahmen entfallen hier sowohl die Qualifizierung der Mitarbeiter (richtiges Zapfen) als auch die nötigen Unterweisungen.
2. Umstellung von Schankgas auf Pressluft
   Aus lebensmittelrechtlichen Gründen nicht erlaubt!
3. Einsatz einer technischen Lüftung für den Vorraum und einer Gaswarnanlage für den Getränkekühlraum
   Eine Lüftung des Getränkekühlraumes schließt sich aus Gründen der Kälteerzeugung aus. Die Belüftung des Vorraumes bringt aber neben der Entfernung der Gasgefahr noch die Erhöhung des Wirkungsgrades der Kälteanlage in den Sommermonaten und damit eine nicht zu vernachlässigende Stromersparnis! Dem entgegen könnten die Kosten für eine Kernbohrung stehen, die für eine Verbindung der Abluft mit dem Außenbereich notwendig werden könnte.

Praktikumsbericht „Gefährdungen in der Gastronomie"

Werner Körner

Die Unterweisung der Mitarbeiter über das Verhalten bei Gasalarm oder Fehlfunktionen der Anlagen ist obligat (**Qualifikation der Beschäftigten**). Eine wiederkehrende Prüfung der Gaswarnanlage in den vom Hersteller empfohlenen Intervallen (Übernahme in die Dokumentation der Gefährdungsbeurteilung) und der Lüftung (empfohlen im Rahmen der BGV A 3) ist ebenfalls unumgänglich (Übernahme in die **Ablauforganisation** der durchzuführenden Prüfungen).

4. Einsatz einer Gaswarnanlage für den Vorraum und für den Getränkekühlraum
Diese Möglichkeit besticht durch die verhältnismäßig geringen Mehrkosten für einen zweiten Sensor zur Detektion des Vorraumes. Die Unterweisung der Mitarbeiter über das Verhalten bei Gasalarm und eine wiederkehrende Prüfung der Gaswarnanlage in den vom Hersteller empfohlenen Intervallen (Übernahme in die Dokumentation der Gefährdungsbeurteilung) bleibt notwendig.

5. Einsatz einer tragbaren Gaswarnanlage
Als personenbezogene Maßnahme steht diese Möglichkeit am Schluss.
Die Kosten eines solchen Gerätes (3-4-fach zu einer stationären Anlage) sind derzeit noch ein KO-Kriterium. .

Einbringung der Vorschläge
Im Rahmen der arbeitssicherheitstechnischen Beratung muss dem Entscheidungsträger (Betreiber der Anlage) die Sachlage verdeutlicht werden. Hilfreich könnte in diesem Fall auch der Hinweis auf die Todesfälle durch Gasansammlungen in der Gastronomie der letzten Jahre sein. Das Argument „da ist doch noch nie was passiert" sollte damit entkräftet sein. Die ermittelten Kosten für eine Gaswarnanlage von 500.- bis 1000.- € sollten im Verhältnis zu dem hohen Risiko gesehen werden.

Es ist darauf hinzuwirken, dass der Betreiber zwischen Konzept 1, 3 und 4 wählt.

Durch- und Umsetzung der Maßnahme / Einleiten der Änderungen / Wirkungskontrolle
Leider fehlen bei Anwendung des „Unternehmermodells" und der damit verbundenen Selbstberatung und –kontrolle der Gastromomen geeignete Möglichkeiten, das Projekt weiter zu verfolgen.

Praktikumsbericht „Gefährdungen in der Gastronomie"

Werner Körner

Schlusswort

In der Praxis wird der externe Rat nur nach Androhung von Bußgeldern und behördlichem Zwang (=> Gefährdungsbeurteilung fehlt!!!) eingeholt. Die Gefährdungsbeurteilung wird aber in den meisten Fällen nur für den Bereich Getränkeschankanlage verlangt! Ansprechpartner sind in diesen Fällen vor allem die ehemaligen Sachkundigen nach SchankV und die befähigten Personen, die später auch die Prüfung von Druckminderern und Sicherheitsventilen vornehmen. Die Umsetzung der Maßnahmen erfolgt nach der Beratung eher zögerlich. Etwa 35 % (!) der Betreiber werden im nächsten Jahr nicht mehr für das betrachtete Objekt verantwortlich sein (hohe Fluktuation).

Literatur / Quellenangabe
BGR 228 - Errichtung und Betrieb von Getränkeschankanlagen
vom Januar 2006

Bestätigung:

Ich bestätige hiermit, den vorliegenden Bericht alleine und nur unter Zuhilfenahme der in der Quellenangabe verzeichneten Veröffentlichung verfasst zu haben.

Rödermark, Oktober 2007

Werner Körner
Ing. Büro für Arbeitssicherheit
Akkreditiertes Prüflaboratorium für Getränkeschankanlagen
Öffentlich bestellter und vereidigter Sachverständiger für Getränkeschankanlagen

Phone: +49-6074-914959
Fax: +49-6074-9170250
Email: w.koerner@sk-labor.de

Office:
Seligenstädter Str. 17
D-63322 Roedermark

www.ingramcontent.com/pod-product-compliance
Lightning Source LLC
Chambersburg PA
CBHW050215230526
45470CB00001B/398